員工下班
主管加班？

授權與激勵的藝術
—— 加薪了還離職？
你的員工需要的是尊重！

聰明主管工作術：抓緊重要的少數，脫離瑣碎的多數

- 「不是不授權，是他們能力還不夠。」
- 「我都做不好的事還授權，這樣不負責任吧？」
- 「授權後做得一塌糊塗，我自己做還比較快。」
- 「哪敢授權！盯著做還做不好呢！現在的年輕人呀⋯⋯」

岳陽　著

目録

目錄

目錄

序一

序一

岳陽先生既認真讀書，也努力教學，能夠將管理學中的重要概念闡釋得饒有趣味。

有關提升領導力這個話題，有好幾個構面，岳陽先生探討的「授權」與「激勵」正好是領導者所急需反思或補強的地方。

我常聽人說「一把抓」。這個詞的本意是「負起全責」，但弄到後來都變成「凡事插手」。做主管的不懂得授權的技巧，至少會造成兩個後果：（一）他自己因為大小事情都要過問，就必然沒有時間去思索或策劃更重要的事情，例如策略與用人。（二）他的部屬因為大小事情都要請示，就必然不能主動去發現問題，也不會去思考問題，更不願去解決問題。

至於激勵這個作為，在日常生活和工作中也同樣地罕見，至少不是一個普遍行為。事實上，在競爭激烈的市場和一成不變的工作中，並不是只有金錢或物質才能激起一個人的工作情緒或士氣，更不可能留住頂尖人才為你效命。

讀完岳陽先生的這本大作，你可以找到很多應用之道，剩下的就是實踐了。

余世維

序二

　　一口氣讀完岳陽先生寄來的書稿，鑒於我這些年對領導力、文化與策略領域的研究和帶領博士生的經驗，我感覺這是一本值得一讀的書。閱讀這本書真是一件樂事，它就像一幅絢麗多彩的織錦，以深刻和智慧精心織成。所謂「獨樂樂不如眾樂樂」，於是我欣然向廣大讀者推薦此書。它有三個重要特點：

　　一、在領導力的諸多能力中選擇授權與激勵這兩個重要能力，避免了在領導力這個汪洋大海裡迷失，符合作者長期在企業從事管理工作所具有的良好實踐體認。寫作上以基本理論為經、以案例為緯，突出案例對讀者的啟迪意義，案例點評的視角獨特，文筆犀利。

　　二、案例選擇多樣化。時間縱橫古今，大到跨國公司，小到身邊的點滴故事，像一頓豐盛的自助餐，每個人可以根據自己的喜好與需要取得，都一樣會得到啟發與收穫。

　　三、寫作語言風格樸實無華、通俗易懂。像作者所說的「我一次又一次試圖將深邃的理念融於日常的生活，將高高在上的原則滲入尋常的行為，把枯燥晦澀的理論化為親切可愛的故事，將高昂的激情隱於平和的心態。始終想讓自己的表達更加通俗，更加深入淺出、平易近人，在敘述時盡可能用明快簡潔

的短語讓閱讀時有節奏和美感。將大道理融於現實生活，用人們熟悉的故事啟迪讀者新的視角與生活，點燃讀者的智慧與理性。」這是值得讚賞和肯定的。

這些年作者把他在企業管理方面的心得經驗一一寫成書，在各地的企業、大型論壇、大學 MBA 等多種組織中傳播，受到廣泛的歡迎，並產生了很大的影響，真是一件值得提倡的事情。

是為序。

吳聲怡

文化策略學者、教授、博士班指導教授

上篇

授權的藝術

目錄

第一章
領導與授權

一個成功的領導者不是整天忙得團團轉的人,而是一切盡在掌握、悠然自得的人。

領導＝決策＋授權

什麼是領導

有人問一位將軍：「什麼人適合當領導者？」將軍這樣回答：「聰明而懶惰的人。」

的確是精闢的論斷。領導者的主要工作是什麼？ Find the right way, find the right person to do.（找到正確的方法，找到正確的人去實施。）作為領導者，你應盡可能地授權。把你不想做的事、別人能比你做得更好的事、你沒有時間去做的事、不能充分發揮你能力的事，果敢地託付給下屬去做。只有這樣，你才能不被「瑣碎的多數」所糾纏，才能有充足的時間思考和處理「重要的少數」。一個成功的領導者不是整天忙得團團轉的人，而是一切盡在掌握、悠然自得的人。

可以這樣講：領導 = 決策 + 授權。

管理者與領導者的區別如圖 1-1 所示。

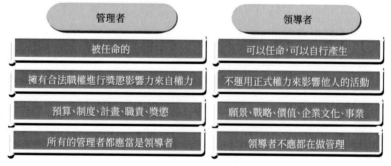

圖 1-1 管理者與領導者的區別

【案例：劉邦崛於亂世，聚賢才，定天下】

劉邦以一介布衣提三尺寶劍崛起於亂世，誅暴秦，抗強敵，定天下，創建了中國歷史上延續時間最長的統一王朝。劉邦的成功，除了他敢於爭奪、善於學習、能夠在戰鬥中成長外，還因為他具有高超的領導才能，能夠把一大批傑出人才團結在自己身邊。

孔子講施政有這樣一句話：「為政以德，譬如北辰。」什麼叫北辰呢？就是北極星，眾星拱之。北極星是永遠不動的，北極星外面是北斗七星，圍繞著北極星旋轉。北斗七星是動的，北極星是不動的；領導核心就是不動的，要讓別人動起來。劉邦就是他們這個軍事集團的北極星，張良、蕭何、韓信、陳平、樊噲、彭越、周勃這些人就是他的北斗七星。

韓信會帶兵，劉邦敢放手給兵；善於謀略的張良，在劉邦手下也能夠運籌帷幄；會管帳的蕭何，劉邦能放手給錢。可是我們細細分析來看，所謂知人善任其實並不容易。

在這支北斗七星的隊伍中，張良是貴族，蕭何是縣吏，韓信是待業青年，陳平是游士，樊噲是狗屠，彭越是強盜，周勃是吹鼓手……但是劉邦把他們組合起來，各就其位，毫不在乎人家說他率領的是一支雜牌軍，他劉邦是一個草頭王。劉邦要求的是所有人才都能夠最大限度地發揮作用。劉邦的隊伍不

第一章　領導與授權

僅人員混雜，其來源也不簡單，隊伍中的人許多原來都是項羽手下的人，如韓信，因為在項羽手下不能發揮作用，就來投奔劉邦。又如陳平——他走的路更多——原來是魏王手下的人，因為不能發揮作用就投奔項羽，又不能發揮作用就再投奔劉邦。當陳平從項羽的軍中逃出來前往漢營時，劉邦是「大悅之」，非常高興。他問陳平，陳先生在項羽那裡擔任的是什麼職務啊？陳平說，擔任都尉。劉邦說，好，你在我這裡還是當都尉。馬上任命陳平做都尉。任命公布以後，漢營輿論譁然。但是劉邦不予理睬，你們議論你們的，我任命我的，而且非常信任陳平。

✍管理啟示

　　有人說劉邦是知人善任，當然對！但是知人之前，最重要的還是要知己。俗話說：知人者智，自知者明。關鍵在於知道自己的短處，這樣才能明白自己需要別人的長處來彌補自己的短處，才有可能「知人善任」。

　　明智的領導者知己知彼，所以他們通常都重視自己與別人之間的關係。授權管理便是其中重要的一課。他們會把自己不擅長而又不影響大局的所有事情都授權給可授之人。

　　管理者的才能就在於知人善任，並賦予權力。

　　知人者智，自知者明。勝人者有力，自勝者強。知足者

富，強者有志。不失其所者久。死而不亡者壽。

—— 老子《道德經》

授權是什麼

授權，是指領導者根據工作的需要，將自己所擁有的部分權力和責任授予下屬去行使，使下屬在一定制約機制下放手工作的一種領導方法和藝術。可以更簡單地理解授權是：

委託他人做某件事情。

指派某人為另一人的代表。

分派任務和權力。

總之，授權就是讓別人做屬於自己的事情。

【案例：摩西憑什麼完成了自己的使命】

《聖經》中有一個故事，說當年摩西帶領猶太人走出埃及時，擁有一支幾十萬人的龐大隊伍。摩西為了保障族人的安全和號令的統一，不厭其煩，事必躬親。從隊伍的行進路線及日程安排到族人內部雞毛蒜皮的小紛爭都由他親自決定和處理。摩西為此大受族人愛戴和尊敬，可是他自己卻終因勞累過度而日漸消瘦，甚至一度覺得自己支撐不下去了。他的岳父葉忒羅對此很心疼，因而向摩西建議：部族內部的小紛爭及一些基本

第一章　領導與授權

的組織動員與號令發布之類的工作,可交由可靠而精幹的族人去處理,摩西自己則只需對事關本族前途命運的重大事項親自過問,從而減輕負擔,提高工作效率和族人的凝聚力。

摩西接受了葉忒羅的建議,將猶太族幾十萬人的隊伍按人口和姓氏劃分成不同的分支,任命百夫長、千夫長,分層次進行管理,自己則專注於處理有關行進路線、與外族的作戰方針以及對上帝的祭祀等族內至關重要的大事。從此之後,整個隊伍的指揮更靈活,號令傳達更迅速,也更加團結,更加有實力,同時摩西自己的負擔得以大大減輕,從而能專心於理解領悟自身的使命,主持祭祀及指揮戰爭。猶太人終於克服種種困難,衝破了敵人的包圍,到達了流著奶和蜜的以色列。

領導者常犯的毛病在於事必躬親。合理授權讓領導在其位、謀其政,將精力關注於策略本身,才符合其角色與定位。授權也是領導者提高工作效率和效能的重要途徑,是對下屬信任與支持的體現,也是使個人和團隊快速成長的祕訣。

一般地說,「權」包括三方面含義:人事權、財務權、業務權。

人事權 —— 人員的任用、考核、獎懲、給薪、晉升等。

財務權 —— 預算審批、費用支出、利潤分配、成本控制等。

業務權 —— 什麼時間、在什麼地點、以什麼方式、做什

麼事等。

授權不是什麼

授權不是放棄或放任不管。

授權不是不要督導。

授權不是朝令夕改的貓捉老鼠遊戲。

【案例：授權不是放任不管】

A 公司是某集團下屬的一家玩具生產企業。由於集團業務經營規模的擴大，二〇〇五年開始，集團老闆決定將 A 公司交由企業聘請的總經理及其經營管理層全權負責經營管理。其間，公司老闆基本上不過問玩具企業的日常經營事務，同時，既沒有要求玩具企業的經營管理層定期向集團公司匯報經營情況，也沒有對經營管理層的經營目標作任何明確要求，只是非正式承諾如果企業盈利了，將給企業的經營管理層獎勵，至於具體的獎勵金額和獎勵辦法也不明確。而且，企業沒有制定完善的規章制度，採購、生產和銷售甚至財務全部由玩具企業的總經理負責。

經過兩年的經營，到二〇〇七年底，問題出現了。集團老闆發現：玩具企業的生產管理一片混亂，帳務不清，在生產中

經常出現用錯料、裝錯模、不良率過高、員工生產紀律鬆散等現象，甚至出現業務員在採購中私拿回扣、收取外企業委託加工費不入帳等問題。同時，因為帳務不清，老闆和企業經營管理層對企業是否盈利也各執一詞。老闆認為這兩年公司投入了幾千萬元而沒有得到回報，屬於企業經營管理不善；而企業經營管理層則認為這兩年企業已經減虧增盈了，老闆失信於企業的經營管理層，沒有兌現其給予企業經營管理層獎勵的承諾。

面對企業管理中存在的問題，老闆決定將企業的經營管理權全部收回，重新由自己親自負責企業的經營管理。於是企業原有的經營管理層覺得大權旁落，認為老闆對自己不信任，情緒低落，在員工中有意無意散布一些對企業不利的消息，使得企業人心渙散，經營陷入困境。

管理啟示

上述案例，集團老闆的本意是想透過授權使自己能夠從企業日常經營管理活動中解脫出來，將員工特別是經營管理層的積極性調動起來，但是，事與願違，不但沒有達到預期的效果，反而使企業經營管理陷入困境。究其原因，主要是該集團公司的老闆沒有正確運用好授權管理的藝術，走入了兩個極端。一個極端是在二○○五至二○○七年之間，把授權當作是放任不管，在實施授權管理的前提條件不完全具備的情況

下，對企業經營管理層「授權過度」，導致企業管理混亂，在企業經營管理的一些重要環節出現權力真空；另一個極端是在二〇〇七年年底之後，集團老闆發現企業經營管理中存在的問題，又將企業的經營管理權全部收回，「授權不到位」束縛了企業經營管理層的手腳，挫傷了企業員工的工作積極性。

其實，正確的授權不是放任不管，也不是將權力絕對地、無原則地下放，更不是棄權。正確的授權應該是相對的、有原則的，是在有效監控之下的授權。

【案例：授權不是不要督導】

有一個國王老是待在王宮裡，感到很無聊，為了解悶，他叫人牽了一隻猴子來和自己做伴。因為猴子天性聰明，很快就得到了國王的喜愛。這隻猴子到王宮後，國王給了牠很多好吃的東西，猴子漸漸地長胖了，國王周圍的人都很尊重牠。國王對這隻猴子更是十分相信和寵愛，甚至連自己的寶劍都讓猴子拿著。

在王宮的附近，有一片供人遊樂的樹林。當春天來臨的時候，這片樹林美極了，成群結隊的蜜蜂嗡嗡地詠嘆著，鬥豔爭芳的鮮花用香氣把林子弄得芳香撲鼻。國王被那美景所吸引，便到林子裡去遊玩。他把所有的隨從都留在樹林外，只留下猴

子和自己做伴。

　　國王在樹林裡好奇地遊了一遍，感到有點疲倦，就對猴子說：「我想在這座花房裡睡一會兒。如果有人想傷害我，你就要竭盡全力保護我。」說完這幾句話，國王就睡著了。

　　一隻蜜蜂聞到花香飛了過來，落在國王頭上。猴子一看就火大了，心想：「這個倒楣的傢伙竟敢在我的眼前螫國王！」於是，牠就開始阻擋。但是這隻蜜蜂被趕走了，又來一隻飛到國王身上。猴子大怒，抽出寶劍就朝蜜蜂砍去，結果把國王的腦袋給砍了下來。

　　✍管理啟示

　　這則寓言對管理的啟示是深刻的。「國王」作為管理者的悲劇在於：一是將保護的權力授給了無法承擔保護責任的「猴子」；二是在對「猴子」授權後沒有進行有效的監督與約束，不僅將寶劍交給「猴子」，就連一直盡職盡責保護自己的隨從也被支開。正是這種不科學的授權，最終導致了悲劇的發生 —— 國王的腦袋被猴子砍了下來。

　　企業管理者不可能事必躬親，對屬下進行授權是必要的。但是，怎樣授權才是科學的、才是有效的？那就是 —— 因能授權，有效督導。

【案例：授權不是朝令夕改的貓捉老鼠遊戲】

　　B 公司為了打造新的利潤成長點，出了一個新興的能源專案，總裁劉文洋任命專案經理王健仁總負責。在專案進展過程中，由於需要專業人才，劉文洋還從集團公司其他分支機構調來了技術專家吳機速支援。吳機速到任的當天，劉文洋就召集專案全體管理人員開會，強調說：「在這裡，王健仁就是代表我，我授予他絕對的權力。」

　　就專業技術來說，吳機速的才能是這個專案所急需的。但是老吳也不是省油的燈，他自認為來之前總裁已經單獨對他面授機宜，而且他在以前的分支機構裡，也都是自己說了就算，因此他不服從王健仁的領導，兩人在工作中時常出現矛盾。

　　在一次公開的爭吵中，憤怒之下，王健仁當眾對吳機速下了逐客令：「沒有你，我們一樣可以做下去，別以為就你一個人懂技術！我這裡不需要一個不聽指揮的人！」並下令以後技術方面的事情自己親自負責。事情到了這一地步，吳機速無奈之下遞交了辭職信……

　　就在大家都認為這件事將以吳機速的退出而結束的時候，日理萬機的總裁劉文洋突然「從天而降」。他在找雙方談話之後，留下了吳機速。

　　王健仁感到非常失望，因為他完全沒了面子。他和總裁劉

第一章　領導與授權

文洋講明：「我不管吳機速了，他的工作進展我也不會過問，讓他獨立出去好了！」於是，管理狀態就這樣病態地存在下去。但吳機速與各部門之間存在很大的溝通問題，經常因此而延誤專案進度。而當出現問題時，哪怕是因吳機速導致的問題，劉文洋的第一反應仍然認為是由於經理王健仁領導力不足造成的。

✍管理啟示

一是一般情況下不要把獎懲、辭退等人事權授出去；二是一旦授出去就應該予以兌現。上述案例中，專案經理王健仁在要辭退總裁劉文洋親自調派的專家吳機速之前，應先與總裁溝通為妥，以避免「沒了面子」一說。王健仁應該永遠記住總裁劉文洋強調「我授予你絕對的權力」只是激勵自己好好工作，未必是全權授權，不要信以為真，要正確理解總裁的弦外之音。

思考題

史經理想到了授權的辦法，效果很不錯，不僅工作效率得到了提升，自己也從繁瑣的事務中解放了出來。他的授權過程不僅僅是讓下屬參與討論、制定方法等，而是真正將決策權下移，讓下屬在目標完成過程中自己作決定。對於這種做法，你是怎麼看的？

【知識連結：授權與分權，授權與放權的區別】

授權與分權

授權是將屬於上級的權力授予下級，是一個短期性質的行為。而分權則是某一部分權力本來就較多地放在下級那裡，是一個長期性質的行為。

授權是上級決定的，而分權是組織權責制度規定的。一個企業經常授權，就能知道下屬處理問題的能力如何，如果令人滿意，才能長期地進行分權。

授權與放權

狹義的授權，是指領導者根據工作的需要，將自己所擁有的部分權力和責任授予下屬去行使，使下屬在一定制約機制下放手工作的一種領導方法和藝術。

廣義的授權也包括放權。放權是把本應屬於下級的權力歸還下級，以便上級集中精力處理更高層次、更廣領域的管理工作；同時，也有利於下級積極主動地處理好自己職責和權限範圍內的工作。

一般情況下，授權這一概念是在其廣義上被使用；嚴格的授權，應該按其狹義理解。

授權經典案例

【案例：諸葛亮「出師未捷身先死」的管理啟示】

　　諸葛亮可謂是一代英傑，赤壁之戰、草船借箭、空城計等廣為世人傳誦，莫不顯示其超人智慧和勇氣。然而他卻日理萬機，事必躬親，終因操勞過度而英年早逝，留給後人諸多感慨與無限的遺憾。諸葛亮雖然為蜀漢「鞠躬盡瘁，死而後已」，但蜀漢仍最先滅亡。這與諸葛亮的不善授權不無關係。試想如果諸葛亮將眾多瑣碎之事合理授權予下屬處理，而只專心致力於軍機大事、治國之方，「運籌帷幄，決勝千里」，又豈能勞累而亡，導致劉備白帝城託孤成空，阿斗將偉業毀於一旦？

一代英傑諸葛亮（圖片來源：中國傳統文化網）

✍管理啟示

再次強調領導的精髓：領導＝決策＋授權。

領導的真正作用在於恰當處理組織的協調問題，發揮組織成員的潛能。為了調動組織成員的積極性和創造性，齊心協力完成組織目標，領導不但要善於決策，更要善於授權。

只要問題能夠有效解決，領導大可不必具體處理繁瑣事務，而應授權下屬去全權處理。也許在此過程中，下屬能夠創造出更科學、更出色的解決辦法。難道只有把權限控制在自己手中才能避免失控嗎？事實上，只要保持溝通與協調，採用類似「關鍵問題會議制度」、「書面匯報制度」、「管理者述職」、「督導與績效考評」等手段，失控的可能性其實是很小的。

從諸葛亮身上，我們可以將阻礙授權的認知因素歸納為：對下屬不信任、害怕削弱自己的職權、害怕失去榮譽、過高估計自己的重要性等。當然，以今天的全新角度評價諸葛亮的一生未必十分公允，甚至有些苛刻，但這從來不影響諸葛亮的偉大與高明，歷史的啟示是深刻而耐人尋味的。

【案例：企業怪談
—— 老闆「加班吐血」，員工卻唱「明天會更好」】

許多企業有一種奇怪的現象，那就是總經理把許多副總的

事情搶著做，副總沒事做，又不好意思，就去搶經理的事情，經理看到情況不妙，就找些主管的事情做，主管只好去完成員工的事情，員工沒事做，就整天無奈地在想策略問題 —— 公司到底要往哪裡走？想完之後，下班了，他們就到隔壁唱卡拉OK：「明天會更好」，最後管理者們累死在辦公室。

✍管理啟示

為何會出現上述的情況？本質上來講就是因為組織鏈上的角色認知混亂。管理是一門科學，雖然不像自然科學那樣「一就是一，二就是二」，但也不是「想怎樣就怎樣」。它有著自身的邏輯和規律：每個人在自己的職責上做事，各就各位，組織就活了。

老闆「加班吐血」，員工卻唱「明天會更好」的企業怪現象，說到底就是沒有學會合理的授權與明確的分工。大家以為「能幹」的人就能當將軍，實際上「能做什麼」只是問題的一方面，另一方面是「不能做什麼」。

老子《道德經》縱論領袖的四個境界

太上，下知有之，其次親而譽之，其次畏之，其次悔之。信不足焉，有不信焉！悠兮，其貴言。功成事遂，百姓皆謂「我

自然」。

—— 《老子道德經》

　　領導有四個層次，最高層次「（民）下知有之」，第二層次「（民）親而譽之」，第三層次「（民）畏之」，第四層次「（民）侮之」，如圖 1-2 所示。

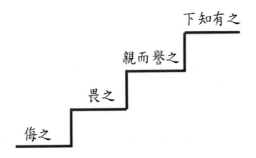

圖 1-2 老子《道德經》縱論領袖的境界

　　「（民）親而譽之」，就是說領導者德行高尚，仁愛百姓，百姓喜歡他，讚美他。中國的儒家奉行「仁政」，就是這一層次的。中國大多數王朝都把這種觀點視為政治的正統。

　　其次「（民）畏之」，就是說領導者制定了嚴刑峻法，並且嚴格執行，百姓因其執法嚴正而畏懼他。中國法家的「法治」就是典型代表，不過也創造了秦國富強、終滅六國的輝煌戰績。

　　其次「（民）侮之」，就是說領導者德望全無，法制混亂，執法寬嚴失當，行蠢政，施亂政，百姓今日不知明日，對他們咒罵不已，恨之入骨。中國很多王朝的末期其實就是這樣

第一章　領導與授權

的景象。

那最高層次是什麼樣的呢？「太上，（民）下知有之」。不能用德行高尚、仁愛親民描述領導者，也不能用法制嚴明描述他，百姓無法用語言描述，但是覺得他施行仁愛也好，實施嚴刑懲罰也好，都是順應民心應該做的。在應該做的時候，應該做的地點，他做了應該做的事情，而且做了也不寫文章、填歌賦大肆宣傳張揚，百姓僅僅能夠感受到他的存在，跟隨著他往前走就行了。

✍管理啟示

最高層次的領導是依靠文化與制度、依靠有效的授權來領導，這樣才能做到「（民）下知有之」。

亨利・季辛吉說：「最好的領導者就是讓大家感受不到他的存在；讓他們覺得，這事是我們自己完成的。」按老子的話就是「功成事遂，百姓皆謂『我自然』。」亨利・季辛吉的說法與老子的思想如出一轍。

本章總結

授權就是讓別人做屬於自己的事情。

領導＝決策＋授權。

有效授權是基業長青的一個關鍵。

請寫下您的感悟或者即將付諸實踐的計畫：

第一章　領導與授權

第二章
為什麼要授權

有效的授權，既能讓下屬分擔工作，又可以人盡其才，減少資源浪費；有效的授權，既能讓員工承擔起責任，又可以有效激勵員工；有效的授權，既能培養員工，又可以讓員工擁有成就感！

授權藝術的全部內涵和奧妙在於：做什麼？讓誰做？怎麼做得更好？

授權的困惑

各位領導（管理）者是否經常碰到以下的困惑 ——

「哪敢授權呀！盯著做還做不好呢！唉！現在的年輕人呀⋯⋯」

「我手裡都沒權，還談什麼給下面授權？老闆把權攬得死死的，我一個部門經理，其實就是整天聽命行事的，何況他們呢！」

「誰說我沒授權？我很信任下屬，經常授權給他們，讓他們大膽地工作，有了問題我負責。下面的人也真給我爭氣，事情都辦得很好⋯⋯」（可是，你知道下面的人是怎麼說你的嗎？）

「現在這些人，你不給他點權，他說你不授權，沒法工作；你授點權給他，他又在下面胡來，拿著雞毛當令箭，真不知怎麼辦才好⋯⋯」

「你授權給下面，他們不知道該怎麼做，不知道做成什麼樣。到頭來，做得一塌糊塗，不符合要求，最後還要自己親自做。真是勞民傷財，還不如不授權呢。」

「不是不授權，是火候沒到，下面的人能力不夠，等什麼時候他們能力達到了之後再授權吧。你以為我想大權獨攬？這哪裡是什麼權呀！這全是苦、是累，誰願意累個半死卻讓下面人閒著？這不是沒辦法嘛！」

「這些事我都做不好，還授權給下面？這樣不負責任吧？」

「授權？授給誰？授給張三？辦事老不到位，誤了幾件事了，敢授權給他？授權給李四，剛來沒幾天，東南西北還不清楚呢，怎麼授權？授權給王五，那個老油條，你撥一下他動一下，不撥不動。」

「你授權給他，他整天早請示晚匯報，表面看來很尊重我，實際上是他自己拿不出個主意……」

如果這些困惑持續困擾著您，那麼學習授權的相關技能能使您的工作更有成效。

有效授權的基本功能

1‧有效授權可以提高工作效率、降低成本

【案例：貨幣資金內部控制授權】

A 企業規定：為對貨幣資金開支實行嚴格的控制，在年度預算內的資金預算，五萬元以下的開支由財務處長審批；五萬元至二十萬元的開支由總會計師審批；二十萬元至五十萬元的開支由總會計師簽署意見，總經理審批；五十萬元以上的開支由董事會商議決定。

第二章　為什麼要授權

　　某日，公司採購部門送來付款申請及相關憑證，要求按照採購合約約定，用轉帳支票支付上月採購某種貨物的貨款六萬元。

　　碰巧當日總會計師在外出差，負責預算內資金支付的出納小李也因病請假，小李的個人名章和票據經財務處長同意由小王保管，但小王平時只負責日常零星開支和與銀行對帳，不經手支票開立事務。因此財務處長答覆採購處，暫時無法支付貨款。

　　但是採購部說按照採購合約，當日若無法付款，將支付供貨方一定的違約金。在此情況下，財務處長著手啟動了臨時授權程式。

　　第一，他立即與總會計師取得聯繫，說明具體情況，總會計師同意先由財務處長代簽，出差回來後再辦理補簽手續。財務處長將總會計師的特別授權意見及時告知了相關覆核人員。

　　第二，財務處長授權小王暫行小李的職權，待小李病假回來後仍各歸其位，各負其責。

　　第三，向管理公司法定代表人圖章的小張說明情況，取得其支持。至此，特別授權程序完成，採購貨款得以順利支付。

　　✍管理啟示

　　應該說本案例中的企業在財務方面設置了非常規範的審批

程序與權限，這種授權方式無疑對一個企業的穩健經營造成了非常好的作用。財務權的特點就在於保守與穩健。

可以看出本案例涉及的這個企業是一個制度比較規範的企業。總會計師在外出差，負責預算內資金支付的出納小李也因病請假暫時無法支付貨款，而財務處長只有五萬元的審批權，六萬元的審批權在總會計師的手上。總會計師出差本就應該啟用授權，以避免造成因為需要總會計師啟用授權程序而增加的溝通成本。本案例至少有三點啟示：

(一) 授權應該建立在分工基礎上。也就是財務問題的授權，一般情況下在他們原有分工範圍內，這樣有利於實現授權的目標，但又超越原有的工作權限與職責，所以需要啟用授權程序。

(二) 在企業組織中充分向下授權、降低決策層級，將決策點置於流程內部，從而達成縱向壓縮組織，使組織扁平化和充分發揮每一位員工在整個企業業務流程中作用的效果。這樣就會大大提高工作效率，節約成本。

(三) 現代企業流程管理強調打破「在階層制管理下每個員工被圍於每個部門的職能範圍內，評價他們的標準是在一定邊界範圍內辦事的準確度如何，從而極大地抑制了個人能動性與創造性」的局面。本著「流程由使用者主導」、「產生資訊的工作與處理該資訊的工作應

該盡可能地有效結合,而非一分為二」、「讓執行者擁有決策的權力」等思想,強調企業管理改革之後,在每個流程業務處理過程中最大限度地發揮每個人的工作潛能與責任心,流程與流程之間則強調人與人之間的合作精神。在現代企業管理中,個人的成功與自我實現,取決於這個人所處的流程及整個流程能否取得成功。這樣,必然要求弱化絕對權威制度,建立以人為主體的流程化「系統組織」,在「系統組織」中充分發揮每個人的主觀能動性與潛能。這將是「以客戶需求為根本、以實現公司目標為導向」的更高境界的授權。

2．有效授權可以培育員工、培養接班人

諸葛亮用自己忠誠的品德、超人的智慧、曠世的才能、敬業的精神,協助劉備興復漢室,成就蜀國霸業,治理「天府之國」,他的歷史功勳是有目共睹的。然而,他一貫親力親為、沒有培養出治理蜀國的優秀接班人,致使出現「蜀中無大將,廖化當先鋒」的無奈局面,不僅自己落得個「出師未捷身先死,常使英雄淚滿襟」的悲慘結局,也使蜀國成為了三國中最早滅亡的一個王朝。

其實培養部屬最有成效的辦法,是要讓他們在實踐中獲得

足夠的歷練和能力的提升。

孟子說：「舜發於畎畝之中，傅說舉於版築之間，膠鬲舉於魚鹽之中，管夷吾舉於士，孫叔敖舉於海，百里奚舉於市。故天將降大任於斯人也，必先苦其心志，勞其筋骨，餓其體膚，空乏其身，行拂亂其所為，所以動心忍性，曾益其所不能。」一位卓越的未來領導者必須經歷風雨的洗禮、鍛鍊甚至磨難，這是承擔百年基業大任不可或缺的成長過程。

所有的現代教育、培訓只能幫助學習者更快地學會某個觀念或技能，而無法替代實際工作帶來的體驗。

傑克·威爾許說：「花十年的工夫培養一個合格經理的時間不算長。」可見，企業接班人的培養是一個漫長的「十年一劍」的過程，必須高瞻遠矚，提前籌劃，做好計畫。

3·有效授權可以使員工得到激勵，工作充滿激與創造性

【案例：希爾頓的用人之道】

康拉德·希爾頓是曾控制美國經濟的十大財團之一，舉世聞名的酒店大亨即現在著名的希爾頓大酒店的創始人。

在希爾頓七八歲的一天早晨，太陽剛剛露面，父親就出現在房門口，把大約有兒子身高兩倍的草耙子交給兒子，並用愉快的聲調說：「你可以到畜欄裡工作了。」

第二章 　為什麼要授權

　　小希爾頓開始上學以後，做過助理店員，並按月領薪。

　　小希爾頓十七歲那年，他告訴父親不想再去學校讀書了。父親同意了，並說：「好吧，我想你已經夠格當一名正式職員了，月薪二十五塊錢，做吧！」於是，他跟著父親學著做生意，也學著做人。父親的忠誠、坦率和對人們善意的愛感染著他，使他日趨成熟。在小希爾頓二十一歲那年，父親把聖·安東尼奧店的經理之職交給了他，同時轉讓了部分股權給他。在此後的兩年裡，他學著處理各種業務，學習如何衡量信用、如何還價、如何與各行業有經驗的老顧客交易，以及如何在緊要場合保持心平氣和。這些都是必要的訓練和寶貴的經驗，正是這些促成了他日後的成功。

　　然而，在這段時期中有一件事令小希爾頓非常惱火，那就是父親經常的干預。父親總是不能完全信任他，一方面是因為父親總覺得他還太年輕，另一方面也許是因為事業尚未穩固，經不起因兒子可能的失誤而帶來的重大打擊。也許是因為二十一歲那年親歷了有職無權、處處受制約之苦，所以當希爾頓後來有權任命他人時，總是慎重地選拔人才，但只要一下決定，就給予其全權，他只是在一旁看其選擇是對是錯。這樣，被選中的人也有機會證明自己是對還是錯。

　　在希爾頓的酒店王國之中，許多高級職員都是從基層逐步提拔上來的。由於他們都有豐富的經驗，所以經營管理非常

出色。希爾頓對於提升的每一個人都十分信任，放手讓他們在各自的工作中發揮聰明才智，大膽負責地工作。如果他們之中有人犯了錯誤，他常常單獨把他們叫到辦公室，先鼓勵安慰一番，告訴他們：「當年我在工作中犯過更大的錯誤，你這點小錯誤不算什麼，凡是工作的人，都難免會出錯的。」然後，他再幫他們客觀地分析錯誤的原因，並一同研究解決問題的辦法。他之所以對下屬犯錯誤採取寬容的態度，是因為他認為，只要企業的高層領導者，特別是總經理和董事會的決策是正確的，員工犯些小錯誤是不會影響大局的。如果一味地指責，反而會打擊一部分人的工作積極性，從根本上動搖企業的根基。

✍管理啟示

希爾頓的處事原則是使手下的全部管理人員都對他信賴、忠誠，對工作兢兢業業，認真負責。

正是由於希爾頓授權時對下屬信任、尊重和寬容，使得公司上下充滿和諧的氣氛，創造了一種輕鬆愉快的工作環境，從而才使得希爾頓有可能獲得其經營管理中的兩大法寶 —— 團隊精神和微笑。

希爾頓也在授權中不斷地輔導他的員工，以增進他們的才能。

4‧有效授權可以使管理化繁為簡、化忙為閒、化緊張為和諧

有效的授權，既能讓下屬分擔工作，又可以人盡其才，減少資源浪費；有效的授權，既能讓員工承擔起責任，又可以有效激勵員工；有效的授權，既能培養員工，又可以讓員工擁有成就感！授權藝術的全部內涵和奧妙在於：做什麼？讓誰做？怎麼做得更好？

【案例：忙碌的高層管理者戴青與輕鬆的劉永好】

戴青是某大企業的高層管理者，任何時候任何人看到的都是他匆匆的身影，他也總是訴苦說他很忙，忙著開會、交際應酬，忙著計劃、協調、控制、指揮部下工作，恨不得一天有四十八個小時可以利用。有一次，在公司高層擴大會議上，他特別強調，他一天除了用六小時睡覺，其餘時間都在工作。

那麼他這麼忙對於一家企業來說，是不是好的現象呢？又或者說，這樣「嘔心瀝血」的員工是不是好員工、好經理呢？

據戴青說：「除睡覺外，其餘的十八個小時，他每一個小時工作六十分鐘，每一分鐘不折不扣地工作六十秒，幾乎把握了十八個小時內的每一秒鐘為公司做事。」

但是，這麼忙到底是工作的設計有問題？還是員工能力有

問題呢？又或者是因為工作流程、組織結構不良呢？

　　劉永好曾經一度與戴青一樣忙碌，他希望一年召開兩次集團的總經理會議，至今已是第十三屆，在第一次開會時，他樣樣都要兼顧，結果一個人講了十四個小時。現在，集團的數十位總經理中，有些總經理他只見過兩次，幾千萬的投資額也不需要他批。

✎管理啟示

　　很多企業的管理人員，都認為當上司一定要比下屬更忙。事實上，這是一種錯誤的觀念，責任大並不可以理解為工作忙。一位優秀的經理人關注的應該是「更有成效」的方法，而不是「按部就班」地加快腳步，思考才應是他們的基本工作。著名的管理學大師彼得‧杜拉克曾經說過：動腦的時間越長，動手的時間就越短。

　　在工作時間內，管理者與部屬的工作量及工作負荷應該是合理的，如果管理者一天到晚總是忙！忙！忙！認為二十四小時不夠用，根據現場經驗，這位管理者肯定是不懂得充分授權，或者說不捨得授權，大大小小的事一把抓，才會如此。

　　例如，一位會計經理可能要花八個小時的工作時間，去開會協調一項新制度的推行，而其所使用的開會資料，可能是其屬下六位主任各用八個小時的工作時間才準備出來的。這就是

透過授權把時間花在最應該花的地方。

授權管理的重要準則

授權管理的兩條基本準則

可以替下屬承擔責任，但是不可以替下屬做事。

任何時候，我幫你解決你的問題，你的問題絕不能變成我的問題。

【案例：西漢宰相丙吉不管人命管老牛喘氣的授權意識】

吳牛問喘

西漢時期，一位名叫丙（邴）吉的宰相，有一次在吳國巡視的路上遇到一群鄉民打架，看到有人被打死了，他竟然不予理睬，催促隨從快走。走了不遠，看到一頭牛在路邊不停地大口喘氣，卻立即叫人停下來向當地百姓仔細調查情況。隨從們很不理解，問他為什麼人命關天的大事他不去理會卻關心一頭牛的性命。丙吉說，路上打架殺人

西漢宰相丙吉（圖片來源：中國書畫網）

自有地方官吏去管，不必我過問，否則就是越俎代庖；而在溫度不高的天氣，牛大口喘氣卻是一種異常現象，可能引發瘟疫等關係民生疾苦的問題，這些問題地方官吏和一般人又不太注意，卻正是我宰相要管的事情，所以我要調查清楚。

✍管理啟示

為了提高管理的效率，可以透過授權和分權來減輕上級負擔，激發下屬的積極性。案例中的路人打架殺人就屬於已經被分權給地方官處理的事件，因此丙吉不去過問，否則後果就是既干預下屬工作，又為自己增添了額外責任。這就是管理學上說的越級管理。越級管理不利於一個組織的良好運行，故而管理者一定要明確自身在組織中的職責與定位。

【案例：拒絕逆向授權 —— 趕走「猴子」】

下屬的負擔似乎總是落在經理的背上。以下是如何擺脫負擔的方法。

為什麼經理們總是沒有時間，而他們的下屬卻總是沒有工作？這裡我們將探討「管理時間」的內涵，因為它涉及經理和他們的上司、其他經理以及下屬之間的不同關係，同時與授權和輔導下屬都緊密關聯。

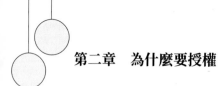

第二章　為什麼要授權

具體而言，有三種管理時間：

受老闆制約的時間 —— 用於完成那些老闆要求的工作，而且經理若不完成，將迅速受到直接的處罰。

受公司制約的時間 —— 用於處理來自其他經理的求助。忽略這些要求，也將受到處罰，儘管處罰不會那麼直接或迅速。

受自己制約的時間 —— 用於處理經理自己想出或同意做的工作。其中一部分時間會被下屬占用，稱為受下屬制約的時間；剩下的時間屬於經理自己，被稱為「自由支配時間」。「自己的時間」不會受到任何處罰，因為無論老闆還是公司都不知道經理沒有完成自己原本打算完成的工作，也就無法對他進行約束。

本案例根據 William Oncken Jr & Donald L Wass《管理時間：誰背著猴子？》哈佛商業評論，一九七四 （十一至十二) 改編。

要應付來自各方面的要求，經理需要控制好工作時間和內容。因為老闆和制度規定的工作存在受罰風險，所以經理不能忽視。這樣「自己的時間」便成了他們最關心的問題了。

經理應該透過盡量減少「自己的時間」中受下屬制約的時間部分，以此來提高自由支配時間部分，然後利用這些提高的自由支配時間部分來更好地處理老闆和公司給他規定的工作。大部分經理幾乎從未意識到：他們大部分時間都花在了下屬問題上。所以，下面我們使用「背上的猴子」這個比喻來解釋「受下

屬制約的時間」是如何形成的，以及經理應怎樣做。

猴子管理（一）

假設有一天，你的一位下屬在公司辦公室的走廊與你不期而遇，下屬忙停下腳步：「哎呀，老闆，好不容易碰上您了。有一個問題，我一直想向您請示一下該怎麼辦。」此時，下屬的身上有一隻需要照顧的「猴子」。接下來，他如此這般將問題匯報一番。

儘管你有事在身，但還是不太好意思讓這位急切想把事情辦好的下屬失望。你非常認真地聽著……慢慢地，「猴子」的一隻腳已悄悄搭在了你的肩膀上。

幾分鐘後，你看了看手錶：「噢，不好意思，我現在正有急事要處理。這個問題，看來我一時半會兒答覆不了你。這樣吧！讓我考慮一下，過兩天再給你回覆好不好？」

你趕忙離開，不知不覺中也背走了你下屬的那隻「猴子」。

兩天後，下屬如約打來電話：「老闆，前兩天向您請示的問題，我該怎麼辦？」

忙亂中，你想了一下，才記起他講的那一件事。「哦，實在不好意思。這兩天我特別忙，還沒有顧得上考慮這個問題，你再給我幾天的時間，好嗎？」

「沒有問題，沒有問題。」下屬非常能體諒你。

第二章　為什麼要授權

一週之後，你又接到他的電話。不等他開口，你已經感到十分歉意，並再一次請求下屬「寬限」幾日……

此刻，你似乎有些焦頭爛額，因為在你的周圍已滿是你自己的以及別人放在你這裡寄養的「猴子」——你已成為問題的真正中心。

猴子管理（二）

有一天，你的另一位下屬在公司辦公室的走廊與你不期而遇，下屬停下腳步：「哎呀，老闆，好不容易碰上您了。有一個問題，我一直想向您請示該怎麼辦。」此時，下屬的身上有一隻需要照顧的「猴子」，接下來，他將問題匯報一番。

儘管你有要事在身，但還是不太好意思讓這位急切想把事情辦好的下屬失望。你非常認真地聽著……慢慢地，「猴子」的一隻腳已悄悄搭在了你的肩膀上。

你一直在認真傾聽，並不時點頭，幾分鐘後，你對他說這是一個非常不錯的問題，很想先聽聽他的意見，並問：「您覺得該怎麼辦？」

「老闆，我就是因為想不出辦法，才不得不向您求援的呀。」

「不會吧，你一定能找到更好的方法，」你看了看手錶，「這樣吧，這件事我一時半會兒也拿不出更好的主意。我現在正好

有急事，不如這樣，明天下午四點後我正好有一點空，到時你先拿幾個解決方案來，我們一起討論討論。」

告別前，你還沒有忘記補充一句：「你不是剛剛受過『頭腦風暴』訓練嗎？實在想不出，找幾個搭檔來一次『頭腦風暴』！明天我等你們的精彩答案。」

「猴子」悄悄收回了搭在你身上的那隻腳，繼續留在此下屬的肩膀上。

第二天，下屬如約前來。從他臉上表情看得出，他似乎胸有成竹：「老闆，按照您的指點，我們已有了五個覺得都還可以的方案，只是不知道哪一個更好，現在就是請您拍板了。」

即使你一眼就已看出哪一個更好，也不要急著幫他作決定。不然，他以後對你依然會有依賴習慣，或者到頭來萬一事情沒辦好，他一定還是會說：「老闆，這不能怪我，我都是按照您的意見去辦的。」

關於作決定，記住以下準則：

該下屬作決定的事，一定要讓他們自己學著作決定。

作決定意味著為自己的決定負責任。不想作決定，常常是潛意識裡不想承擔作決定的責任。

下屬不思考問題，不習慣作決定的根源一般有幾個：其一是有「託付思想」，自己不想承擔責任，只想依賴上司或別人，這樣的下屬不堪大用；其二是上司習慣代替下屬作決定，或喜

歡享受別人聽命於自己的成就感，這樣的上司以及他所帶領的團隊難以勝任複雜的任務。

讓下屬自己想辦法、作決定，就是訓練下屬獨立思考問題的能力和勇於承擔責任的行事風格。但關於這一點，與上司不敢承擔責任，交付由「集體」來承擔責任，以便自己到時好藉口於「下屬辦事不力」而推卸責任的「官僚」作風有本質差異。讓下屬作決定，意味著你已授權下屬作決定。也就是說，作為上司無論如何你最終也還是無可爭辯地要為結果承擔全部責任。

對話還在繼續。你興奮地說道：「太棒了，這麼多好方案。你認為，相比較而言哪一個方案更好？」

「我覺得 A 方案更好一些。」

「這的確是一個不錯的方案，不過你有沒有考慮過萬一出現這種情況，該怎麼辦？」

「噢，有道理，看來用 E 方案更好。」

「這方案真的也很好，可是，你有沒有想過……」

「我明白，應該選擇 B 方案。」

「非常好，我的想法跟你一樣，我看就按你的意見去辦吧。」

憑你的經驗，其實你早就知道應該選擇 B 方案，你不直接告訴他的目的是想借此又多贏得一次訓練部屬的機會。訓練是一個雖慢反快的過程，訓練的「慢」是為了將來更快。

這樣做的好處不言而喻：

打斷下屬負面的「依賴」神經鏈。

訓練了下屬分析問題、全面思考問題的能力。

讓下屬產生信心與成就感。因為經過了這樣一個過程之後，他會覺得自己居然也有解決複雜問題的能力，自然會增強信心與成就感。越來越有能力的下屬能越來越勝任更重要的任務。

會激發下屬的行動力。因為人們往往願為自己的決定而全力以赴，並願意為它承擔責任。

你將因此不必照看下屬的「猴子」，從而能騰出更多的精力去照看你自己的「猴子」。

「猴子管理」理論告訴我們：

每一個人都應該照看自己的「猴子」。

組織中，每一個人都應該明白自己應該照看哪些「猴子」，如何照看好牠們，以及照看好的標準是什麼。

不要試圖把自己的「猴子」託付給別人照顧。這裡的別人可能是你的上司、下屬、別的部門的同事，也可能是公司、社會乃至是上天、命運等。

不要出現沒有人照看的「猴子」，也不要出現有兩個以上「主人」的「猴子」。

作為上司不僅應明確讓下屬知道他應該照看好哪些「猴

子」，更需要訓練下屬如何照看好他們的「猴子」。

　　本書作者特別說明：上述案例是個極經典的時間管理案例，時間管理與授權和輔導下屬有緊密的聯繫。特此向《哈佛商業評論》及其作者鳴謝。

有效授權的三要素

1・清晰的任務本身

【案例：好的任務描述與壞的任務描述】

　　好的描述

　　CRM 客戶關係管理系統開發

　　我們是一家銷售小禮品的公司，註冊地在臺北。本公司每筆生意的交易額不大，但是客戶量大。希望能夠建立一套客戶關係管理系統，把客戶資源統一地管理起來。

　　任務內容：

　　① 銷售管理

　　日曆和日程安排、聯繫和帳戶管理、傭金管理、費用報告。

　　② 營銷管理

　　營銷活動計畫的編制和執行、計畫結果的分析、清單的產

生和管理、營銷資料管理、對有需求客戶的追蹤。

③ 客戶服務與支持

訂單追蹤、現場服務、問題及其解決方法的資料庫、維修行為安排和調度、服務協議和合約、服務請求管理。

技術要求：

① 要求在 Windows 平臺上開發。

② 開發語言要求 ASP.NET。

③ 資料庫用 Access 或 MySQL。

投標人資質：

① 有 CRM 軟體的開發經驗。

② 有類似的應用成功案例。

③ 因為涉及後續維護，投標人最好在臺北。

壞的描述

CRM 客戶關係管理系統開發

我們要做一個 CRM 系統。

任務內容：

具有常用的銷售管理和營銷管理以及客戶服務與支援等功能。

技術要求：

開發語言要求 ASP.NET。

投標人資質：

① 有類似的應用成功案例。

② 因為涉及後續維護，投標人最好在臺北。

要知道，一個任務的發布，應該是讓接受者充分了解任務的資訊。反正是需要說清楚的，不如一次就說清楚。我們不能默認別人對任務是了解的，往往越是那些走得比較親近的人反倒會讓我們犯錯誤。我們以為他們知道我們要什麼，但事實上往往並非如此。

2・與承擔責任對等的權力

對於「包青天」的故事，大家都不陌生。嘉佑元年（一○五六年）十二月，朝廷任命包拯治理開封府，他於次年三月正式上任，至嘉佑三年六月離任，前後只有一年多的時間。但在這短短的時間內，把號稱難治的開封府治理得井井有條。他敢於懲治權貴們的不法行為，堅決抑制開封府吏的驕橫之勢，並能夠及時懲辦無賴刁民。

由於包拯在開封府執法嚴明、鐵面無私、敢於碰硬，貴戚宦官也不得不有所收斂，聽到包拯的名字就感到害怕。婦孺們都知道包拯之名，親切稱呼他為「包青天」。那麼他有什麼高招

能使人們稱其為「青天」呢？

① 三口鍘刀。這是任何包公戲中絕不可少的道具。

② 尚方寶劍以及各色聖旨。這是包公戲中包拯的又一大法寶。

這幾樣東西都是「御賜」的。這就是一種授權。當時的包拯，因為懲治壞人有功而被皇上連升數級，成為了開封府知府，皇上為了保證其在執法過程中的公正、迅捷，更賜予他上斬昏君、下斬讒臣的尚方寶劍與先斬後奏的利器 —— 龍頭鍘、虎頭鍘與狗頭鍘。有了這幾樣利器後，包拯連續瓦解了多個惡勢力，同時也遭到了奸黨的陷害，為了加快剿滅奸黨與強寇，包拯更拋開傳統，與江湖上有志之士結交並委其要職，一時間上下同欲，群起抗敵。其中較為著名的有四品帶刀護衛「御貓」（展昭）、師爺公孫策等。在這些人的幫助下，包拯終於向大奸臣 —— 國師「龐太師」發動了攻擊。民間也因為包拯辦案公正廉明，稱其為「包青天」。

如果沒有尚方寶劍那幾件寶貝，即便是有「御貓」（展昭）等豪傑，恐怕包拯也無法完成其「青天」的使命。因為權力沒有了。中國古代當官的人都十分重視自己的烏紗帽，帽子當然是小事，關鍵是帽子背後的權力。相應的合法權力是完成任務的基本條件。

3‧與使用權力對等的責任

【案例：偷懶的財務經理】

　　張某是一家公司的財務人員，他近期的任務是參與制定公司下一年度的部門預算。

　　他每天上午九點準時到達辦公室，但是他並不急於投入工作，因為上級並沒有規定任務完成的時間，也沒有對他提出任何要求。所以他每天到辦公室後，先是花三十分鐘左右的時間整理房間，以便為自己營造一個乾淨舒適的工作環境。然後再點上一根菸，花三十分鐘看看當天的報紙，他覺得每天報紙上的廣告彩圖非常漂亮，值得一看，這是他的興趣。當報紙看完後，他總是會覺得有點頭暈，因為他看報紙總是太投入了。由於頭暈不利於制定預算，他怕在繁雜的運算中出錯或者是抄錯什麼資訊，於是他還需要三十分鐘的時間閉目養神，恢復精力，使自己清醒一些。每天他就這樣習慣於在十點半才開始做正式的工作，他並不覺得早一點開始工作有什麼意義。

　　後來公司召開年度預算會議，因為張某沒有完成預算草擬工作，各個部門不得不推遲或者修改自己的計畫，公司聲譽大打折扣，蒙受了巨大損失。張某給公司的解釋讓老闆感到憤怒：不知公司這麼急就要預算草案，時間太趕無法完成任務。

張某的結局可想而知，但公司卻不會因為這個人的離去而挽回什麼損失，所有的損失已經是既成事實，無法改變。

✍管理啟示

管理學上有一句很經典的話：下屬工作的不善，反映出上司管理才能的缺乏。像張某這樣凡事拖沓沒有時間觀念的人，是不應該被賦予權力的。所以因能賦權、量才使用是領導們必修的一課。

【案例：萊雅管理教育中心 —— 培養有責任的詩人】

萊雅集團業務遍布全球，需要大批跨文化的高層領導人。位於萊雅法國巴黎總部的「萊雅管理教育中心」，負責萊雅高層領導人培訓。歐洲著名的 INSEAD 商學院與萊雅合作，開設「Leadership for Growth」領導力培訓課程，由 INSEAD 商學院的知名教授、相關經濟領域的學者以及萊雅的高層領導人擔任教師，提供綜合性、全方位的培訓課程。透過領導人培訓，學員不僅能夠學習到先進的管理經驗和業務知識，而且可以與來自全球各地的高級管理人員相互溝通、交流，這對於萊雅這樣跨國界、跨文化的世界性企業尤為重要。

萊雅的領導人培養緊密結合工作實踐。尤為突出的是，萊雅注重發揮責任的激勵作用，鼓勵自己的各級經理人和員工接

受挑戰、承擔責任、培養領導能力，也就是要具有像「詩人」一樣的熱情與自主精神，激發智慧，快速成長。與此同時，萊雅注重培養一絲不苟、認真做事的精神，也就是其推崇的另一種文化 ——「農民」般的勤勞、嚴謹、執著。「詩人」與「農民」相結合，造就了萊雅獨特的領導人培訓文化。

此外，萊雅的領導人培訓體系具有按需培訓的特色，可以讓學員根據自身具體情況主動提出培訓要求，公司培訓總部會按照具體需要安排培訓。萊雅的經理人同樣負有培養領導人的責任，萊雅認為最好的人事經理就是各業務部門的經理。

不僅是萊雅，許多著名的頂級領導力培訓機構都以責任為培養核心，因為只有上司承擔起了責任，下屬才可能也承擔起自己的責任。只有勇於承擔責任，才能被賦予權力。賦予權力是為了使其更好地盡責任。

【知識連結：管理學大師中的大師 ——
杜拉克眼中的責任觀】

「權力和職權是兩回事。管理當局並沒有權力，而只有責任。它需要而且必須有職權來完成其責任 —— 但除此之外，絕不能再多要一點。」在杜拉克看來，管理當局只有在進行工作時才有職權（authority），而並沒有什麼所謂的「權力」

（power）。

杜拉克反覆強調，認真負責的員工確實會對經理人提出很高的要求，要求他們真正能勝任工作，要求他們認真地對待自己的工作，要求他們對自己的任務和成績負起責任來。

責任是一個嚴厲的主人。如果只對別人提出要求而並不對自己提出要求，那是沒有用的，而且也是不負責任的。如果員工不能肯定自己的公司是認真的、負責的、有能力的，他們就不會為自己的工作、團隊事務承擔起責任來。要使員工承擔起責任和有所成就，必須由實現工作目標的人員同其上級一起為每一項工作制定目標。此外，確保自己的目標與整個團體的目標一致，也是所有成員的責任。

有效授權的基本原則

1 · 目標明確

目標並非命運，而是方向。目標並非命令，而是承諾。目標並不決定未來，而是動員企業的資源與能源以便塑造未來的那種手段。

—— 彼得 · 杜拉克

第二章　為什麼要授權

【案例：馬和驢的對話】

唐太宗貞觀年間，有一頭馬和一頭驢子，牠們是好朋友。貞觀三年，這匹馬被玄奘選中，前往印度取經。

十七年後，這匹馬馱著佛經回到長安，回去見牠的朋友驢子。老馬談起這次旅途的經歷：浩瀚無邊的沙漠、高入雲霄的山嶺、波瀾的大海……神話般的境界，讓驢子聽了大為驚異。驢子驚嘆道：「你有多麼豐富的見聞呀！那麼遙遠的道路，我連想都不敢想。」

「其實，我們跨過的距離是相同的，當我向西藏前進的時候，你一刻也沒有停步。不同的是，我與玄奘大師有一個遙遠的目標，按照始終如一的方向前行，所以我們走進了一個廣闊的世界。而你被矇住了眼睛，一生就圍著磨坊盤打轉，所以永遠也走不出狹隘的天地。」老馬說。

馬和驢子最大的差距就在於它們的目標不同，從而導致各自的結果不同。所以企業有目標不等於有好目標，一定要結合員工的特點來制定合適的目標。目標並不決定未來，而是動員企業的資源與能源以便塑造未來的一種手段。這句話值得再三品味。

【知識連結：目標管理的 SMART 原則】

S：目標必須是具體的（specific）。這是指目標必須是清晰的，可產生行為導向的。例如，目標「我要成為一個優秀的鴻海人」不是一個具體的目標，但目標「我要獲得今年的鴻海最佳員工獎」就算得上是一個具體的目標了。

M：目標必須是可以衡量的（measurable）。這是指目標必須能用指標量化表達。如上面這個「我要獲得今年的鴻海最佳員工獎」目標，它就對應著許多量化的指標 —— 出勤、業務量等。

A：目標必須是可以達到的（attainable）。這裡「可達到的」有兩層意思：一是目標應該在能力範圍內，二是目標應該有一定難度。一般人在這點上往往只注意前者，其實後者也相當重要。目標經常達不到的確會讓人沮喪，但同時要注意：太容易達到的目標也會讓人失去鬥志。

R：目標必須和其他目標具有相關性（relevant）。這裡的「相關性」是指與現實生活相關。

T：目標必須具有明確的截止期限（time-based）。它是指目標必須確定完成的日期。不但要確定最終目標的完成時間，還要設立多個小時段上的「時間里程碑」，以便對工作進度進行監控。

第二章　為什麼要授權

　　無論是制定團隊的工作目標還是員工的績效目標，都必須符合上述原則，五個原則缺一不可。制定目標的過程也是制定者能力不斷成長的過程，經理必須和員工一起在不斷制定高績效目標的過程中共同提高績效能力。

　　杜拉克是目標管理的發明者，他被尊稱為「大師中的大師」，他的話自是金玉良言：「目標並非命令，而是承諾。」目標管理的 SMART 原則，實質上正是對被授權者責任的約束。它定義了任務本身的內容，是一套很有效的授權法則。

【案例：皇帝的妃子你管得了嗎？—— 孫武練兵斬美妃】

孫武練兵（圖片來源：中國傳統文化網）

春秋時代，吳國國王闔閭為富國強兵，廣招賢才。齊國人孫武為避戰禍，輾轉來到吳國。在吳國隱居期間，他刻苦鑽研兵法，經過多年的努力，終於寫成了《孫子兵法》，並等待時機，以實現自己的抱負。

吳王闔閭讀了《孫子兵法》，很是欽佩，盛讚孫武才華出眾，是個難得的人才。吳王想親自考察一下他的實際才能，便召見孫武。吳王對他說：「可以試試練兵方法讓我看看嗎？」孫武說：「可以。」吳王又問：「你的練兵方法可以適用於婦女嗎？」孫武答：「可以。」於是吳王挑出宮女一百八十人，交給孫武。孫武把她們編成兩隊，挑選吳王最寵愛的兩個美妃擔任隊長，讓她倆持著戰戟，站在隊前。孫武對美妃和宮女說：「你們都知道自己的前心、左右手和後背的位置嗎？」美妃和宮女們說：「知道。」孫武說：「向前，就看前心所對的方向；向左，看左手方向；向右，看右手方向；向後，就看後背方向。一切行動以鼓聲為準，大家都明白嗎？」她們都說：「明白。」孫武又命令士卒扛來執行軍法的大斧，指著大斧反覆說明軍隊的紀律，違者處斬。

戰鼓雷鳴，孫武下達了向右轉的命令。美妃和宮女們不但不聽命令，反而嘻嘻哈哈地笑了起來。孫武說：「約束不明，令不熟，這次應由將帥負責。」於是重新對軍令、軍紀、軍法作了說明。然後又擊鼓，發出向左的命令。美妃和宮女們又一次地哄笑起來。孫武說：「紀律和動作要領已講清楚，大家都說明

白了，但仍舊不聽從命令，這就是故意違反軍紀。隊長帶頭違反軍紀，應按軍法處置。」於是，下令要斬左右隊長，吳王看見要殺自己寵愛的妃子，大為驚駭，急忙傳令說：「我已經領教了將軍練兵的才能了，我沒有這兩個愛妃，飯都吃不下，請不要殺她們吧！」孫武說：「我既已受命為將，將在軍，君命有所不受。」當即把兩個隊長一同斬首。又指定另外兩位妃子任隊長，繼續操練。這時，再發出鼓令，不論向左、向右、前進、後退、跪下、起立，全都服從命令，而且嚴肅認真，合乎要求。孫武見已教練整齊，就派人報告吳王說：「兵已經練好了，請大王檢閱。這兩隊士兵，可任意指揮，即使讓她們到水裡火裡也不會抗命了。」吳王失去了兩個愛妃，心裡很不高興，苦笑著說：「行了，將軍回舍休息吧！我不想檢閱了。」事情過後，孫武先向吳王謝罪，接著申述斬妃的理由：「令行禁止，賞罰分明，這是兵家常法，為將治軍的通則；用眾以威，責吏從嚴，只有三軍遵紀守法，聽從號令，才能克敵制勝。」吳王聽了孫武的解釋，怒氣消散，便棄斬妃之恨，拜孫武為將軍。

　　後來，吳國軍隊在孫武的嚴格訓練下，紀律嚴明，戰鬥力極強。西元前五〇六年，吳、楚大戰中，吳軍五戰五捷，打敗了楚國。之後，吳軍又威震齊、晉兩大中原強國，吳國在列國諸侯中威名遠播。

✍ 管理啟示

在管理工作中，我們其實也常遇到這種「妃子」——不聽話、不好管的人，但是透過授權，明確責任，可以使問題變得簡單。實際上，這裡孫武進行了一次明確的責任轉移，即透過簡單的編隊，把隊伍管理的責任轉移到左右隊長身上。明確的授權可以把部分的責任讓下屬承擔。

【知識連結：孫武簡介】

孫武，即孫子，春秋末期軍事家，字長卿，齊國人。曾以《孫子兵法》十三篇見吳王闔閭，被任為將，率吳軍攻破楚國。他主張改革圖強，認為當時晉國六卿所進行的土地制度改革，其中畝大而稅輕者可以成功；認為「兵者國之大事」；提出「知己知彼，百戰不殆」，注重了解情況，全面地分析敵我、眾寡、強弱、虛實、攻守、進退等矛盾雙方，並透過對戰爭客觀規律的認識和掌握克敵制勝；提出「兵無常勢，水無常形，能因敵變化而取勝者謂之神」；強調策略戰術上的「奇正相生」和靈活運用。其著作《孫子兵法》是中國最早最傑出的兵書，被譽為「兵學聖典」，位居《武經七書》之首。

第二章　為什麼要授權

2．責任清晰

【案例：黛安娜的苦惱】

　　婦產科護理長黛安娜打電話給巴恩斯醫院的院長戴維斯博士，要求立即作出一項新的人事安排。從黛安娜急切的聲音中，院長感覺到一定發生了什麼事，因此要她立即到辦公室來。五分鐘後，黛安娜遞給院長一封辭職信。

　　「戴維斯博士，我再也做不下去了，」她開始申述：「我在婦產科當護理長已經四個月了，我再也做不下去了。我怎麼能做得了這工作呢？我有兩個上司，每個人都有不同的要求，都要求優先處理。我只是一個凡人。我已經盡最大的努力適應這種工作，但看來這是不可能的。讓我給您舉個例子吧。請相信我，這是一件日常事。像這樣的事情，每天都在發生。」

　　「昨天早上七點四十五分，我來到辦公室就發現桌上留了張紙條，是傑克森（醫院的主任護理師）給我的。她告訴我，她上午十點需要一份床位利用情況報告，供她下午向董事會作匯報時用。我知道，這樣一份報告至少要花一個半小時才能寫出來。三十分鐘以後，喬伊斯（黛安娜的直屬主管，基層護理師監督員）走進來質問我為什麼我的兩位護理師不在班上。我告訴她雷諾茲醫生（外科主任）從我這裡要走了她們兩位，說是急診

外科手術正缺人手，需要借用一下。我告訴她，我也反對過，但雷諾茲堅持說只能這麼辦。你猜，喬伊斯說什麼？她叫我立即讓這些護理師回到婦產科。她還說，一個小時以後，她會回來檢查我是否把這事辦好了！我跟你說，這樣的事情每天都要發生好幾次。一家醫院就只能這樣運作嗎？」

✍管理啟示

本案例中黛安娜苦惱的根源在於有兩個上司，兩個上司在同一時間經常分派給她職責範圍外的新工作，而且還要求她在最短的時間內完成，最後迫使黛安娜因不堪重負遞交辭職信。表面上好像是由於黛安娜工作不力，實質上這是醫院管理架構的設置錯誤和多頭的管控造成的。

管理架構設置的錯誤會導致多頭管理或者無人管理，多頭管理必無所適從，混亂與低效便由此產生。

3．因事設能，視能授權

在用人授權時，應充分考慮被授權者的能力和意願，依此來決定是否對其授權、如何授權。可參考圖2-1。

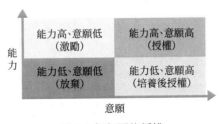

圖 2-1 如何因能授權

第二章　為什麼要授權

【案例：諸葛亮揮淚斬馬謖於漢中】

西元二二八年，諸葛亮第一次北伐，他親率主力經今白水江猛攻祁山（今甘肅省祁縣東），勢如破竹，隴右曹魏的天水、南安、安定三郡歸降蜀漢。諸葛亮收降了魏將天水郡羌人姜維，魏明帝親自率軍西鎮長安，命大將張郃領兵西向拒諸葛亮所率之軍。諸葛亮選拔馬謖，使馬謖督諸軍在前，與魏將張郃戰於街亭。

街亭在今甘肅省秦安縣與莊浪縣交界一帶。馬謖在街亭違背諸葛亮部署節度，亦不聽副將王平的勸告，主觀武斷，舍水源上山紮營。張郃兵至，將孤山圍困，斷水攻山，大破蜀軍，蜀軍潰敗，馬謖棄山而逃，街亭丟失。唯王平所率千人，鳴鼓自恃，張郃疑其有伏兵，不敢追擊，王平收整餘部，率將士返漢中。街亭已失，不能再據以出擊魏軍，諸葛亮遂拔西縣百姓千餘家，還於漢中。

據《三國志》載，西元二二八年春夏之交，在漢中先已下獄受軍法論處的馬謖，被提交當眾斬首。馬謖臨刑前致書諸葛亮：「垂相待我如子，我尊崇垂相如父，我雖死無恨於黃泉之下也。」斬首之時，諸葛亮揮淚，在漢中的十萬蜀軍將士亦無不垂涕。同時受斬的還有一同失街亭的張休、李盛。而王平勸諫馬謖，臨危不驚收軍撤還，因而進位討寇將軍，後曾領漢中

太守，封安漢侯。諸葛亮自咎「授任無方，明不知人，恤事多暗」，並且說，「《春秋》書中有責備主帥過錯的記載，我犯的過錯也一樣，請自貶三等，以督察我的過錯」，辭去了丞相位，以右將軍職行丞相事。

✍管理啟示

「諸葛亮揮淚斬馬謖」是一個家喻戶曉的故事，說的是由於諸葛亮錯用馬謖，導致策略咽喉之地街亭失守，蜀魏攻守之勢逆轉，蜀軍被迫退回蜀中，諸葛亮的北伐中原大業再度失敗。最終，馬謖除被斬之外，還給後人留下了一個紙上談兵、誇誇其談、言過其實的人物形象。

讀過《三國演義》的人都知道，馬謖熟讀兵書，胸藏韜略，出謀劃策是他的強項。諸葛亮在平定南蠻之亂時曾問計於馬謖，終七擒孟獲，收服人心，穩定了後方，得以全力北伐曹魏；後馬謖又向諸葛亮獻離間計，使曹丕心疑，將司馬懿削職回鄉，去掉了諸葛亮長期的一塊心病。從這兩次獻計的成效來看，馬謖應該是一個非常卓越的參謀，但如果從軍事指揮官的要求評價，則既沒有實戰經驗又不顧實際情況，機械地運用別人的經驗。諸葛亮棄之所長，用之所短，失守街亭自然就不足為怪了。可見人才是一個相對的概念，關鍵還在於如何用人。

清人顧嗣協的《雜興》中有這樣一首詩：

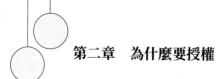

第二章　為什麼要授權

駿馬能歷險，犁田不如牛。堅車能載重，渡河不如舟。舍才以避短，資高難為謀。生材貴適用，勿復多苛求。

意思是我們要善於認識自己，客觀、公正、正確地認識和評價自己。在認識自己的過程中，既要看到自身的長處，又要看到自身的缺點和不足。我們要善於發現自己的長處和優勢，做到揚長避短，用人之道也是一樣的。宜用人之長，避人之短。

「諸葛亮揮淚斬馬謖」的傷心事，在多少歷史故事中，是最為動人、最有爭議的，也是最給人以啟示的。諸葛孔明號稱神算，其智慧過人。但是今天的管理學者們在評論他的時候，對其智無人不服，對其街亭一戰的「授權」卻深感不智，看來是有一定道理的。

當然，以今人眼光評價古人，難免有失公允。諸葛亮如此作為，有我們無法知悉的歷史原因和背景，有今人無法洞察的諸葛亮內心世界與人文環境。

諸葛亮因授權失敗自貶三級的勇於承擔，也是值得學習和效仿的。

馬謖是在錯誤的時間、錯誤的地點、被錯誤地使用。他的悲劇，既有自己的責任，更多的是用人者的責任。這個教訓，對我們有很多深刻的啟迪。

「因能授權，有效監督」當是授權的核心。

總之，人要用其所長。授權在本質上也是用人，也當如此。

4．相互信任

信任是授權的前提，也是高績效、高凝聚力團隊的關鍵要素之一。相互信任是授權管理的重要潤滑劑。

沒有任何一個企業可以歸諸於單一個人，管理功能的精髓則在於知人善任，激勵優秀的人才。

—— 山姆·托伊

授權和溝通相似，必須建立經理人和下屬之間相互信賴的關係。因此，如果把權力授予下屬，就應該充分信任下屬，也就是說要用人不疑。然而所謂的用人不疑，實質上就是討論是否與下屬相互信賴的問題，也就是討論如何打造高績效、高凝聚力團隊的問題。高效團隊之所以高效，正是因為：他們的高效並不是歸因於個人，有效分工和協作才是關鍵。不過，雖然倡導信任，但從來不排除有效的監督，也就是「用人要疑」。

【案例：信任是最大的管理財富】

在軟體大國愛爾蘭，各軟體公司都改變控制管理為信任管理，公司為員工更多地提供價值觀的滿足而非單純的薪酬滿足。

在沃爾瑪，每一位經理都用上了鑲有「我們信任我們的員工」字樣的鈕扣。在該公司，員工包括最基層的店員都被稱為合夥人，同事之間因信任而進入志同道合的合作境界。最好的主

71

第二章　為什麼要授權

意來自這些合夥人，而把每個創意推向成功的，也是這些受到信任的合夥人。這正是沃爾瑪從一家小公司發展成為美國最大的零售連鎖集團的祕訣之一。

　　這兩個例子都啟示我們，要搞好現代企業，必須注重人力資源的合理開發，要把信任作為企業最好的投資。信任是未來管理文化的核心，代表了先進企業的發展方向。著名的松下集團，從來不對員工保守商業祕密，他們招收新員工的第一天，就對員工進行毫無保留的技術培訓。有人擔心，這樣可能會泄露商業祕密。松下幸之助卻說，如果為了保守商業祕密而對員工進行技術封鎖，導致員工生產過程中不得要領，必然帶來更多的劣質品，增加企業的生產成本，這樣的負面影響比洩露商業祕密帶來的損失更大。而對於以腦力勞動為主要方式的未來企業如軟體業，其生產根本無法像物質生產那樣被控制起來，信任也是唯一的選擇。

　　十幾年前，著名管理學教授費爾南多·巴托洛梅寫了一篇文章，標題是《沒有人完全信任老闆，怎麼辦？》，文章發表於一九八九年三至四月號的《哈佛商業評論》。巴托洛梅教授在文章中指出：

（一）　對經理人而言，盡早抓住問題是非常重要的，而找出會使你頭痛的問題的最好方式，是讓你的下屬告訴你。這取決於坦率與信任，但這兩點都有嚴格的內在

的侷限性。在需要坦率和信任的時候，大部分人傾向於選擇沉默，自我保護，而權力鬥爭也妨礙了坦誠。

(二) 經理人必須認真培育信任，應該利用一切可以利用的機會，增進下屬的信任感。同時要注意對信任培育而言極其關鍵的六個方面：溝通、支持、尊重、公平、可預期性及勝任工作的能力。

(三) 經理人還必須注意麻煩要出現時所顯露出的蛛絲馬跡，如資訊量減少、士氣低落、模棱兩可的資訊、非語言的訊號以及外部訊號等。必須建立一個以適當地使用、傳播及創造資訊為基礎的交流網。

懷疑和不信任是公司真正的成本之源，它們不是生產成本，卻會影響生產成本；它們不是科學研究成本，卻會窒息科學研究的進步；它們不是營銷成本，卻會使市場開拓成本大大增加。

—— 查爾斯‧M‧薩維奇

失去了信任，管理就成了無源之水、無本之木。沒有哪一個經理人希望員工背叛公司，但是員工的忠誠是用信任打造出來的。只有「真心」才能換來誠心，這「真心」就是經理人對員工的信任。信任你的團隊，信任你的員工，是人力資源管理成功的第一步。以真誠換取真誠，以真心贏得信任，以信任獲得成功。

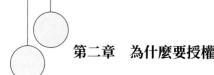

第二章 為什麼要授權

【案例：李隆基的用人放權藝術】

唐玄宗李隆基即位初期，任用姚崇、宋璟、韓休、張九齡等名臣，整頓武周以來的弊政，推動社會經濟的發展，出現了著名的「開元之治」。在這個時期，李隆基還是很講究用人之道的。

有一次，姚崇就一些低階官員的任免事項向李隆基請示，連問了三次，李隆基不予理睬。姚崇以為自己辦錯了事情，慌忙退了出去。正巧高力士在旁邊，勸李隆基說：「陛下即位不久，天下事情都由陛下決定。大臣奏事，妥與不妥都應表明態度，怎麼連理都不理呢？」李隆基說：「我任崇以政，大事吾當與決。至用郎吏，崇顧不能而重煩我邪？」

這番話，雖然是批評姚崇用小事麻煩他，實則是放權於姚崇讓他敢於任事。後來姚崇聽了高力士的傳話，就放手處理事情了。

✍管理啟示

從以上這個事例來看，放權用人的積極意義有以下幾個方面：

（一）可以充分調動部下的積極性，使部下放開手腳地工作。

（二）可以克服部下對領導者的依賴思想，激發其創造精神，提高獨立工作的能力。

（三）減少請示報告等工作程序，可以提高工作效率。

（四）可以使領導者從事必躬親中解放出來，集中精力做好大事。

【案例：孫權重用諸葛瑾】

東漢末年，天下大亂，諸葛亮於隆中躬耕隴畝，後經劉備「三顧茅廬」出山為其所用。其兄諸葛瑾（字子瑜），避亂江東，經孫權妹婿弘咨薦於孫權，受到禮遇，初為長史，後為南郡太守，再後為大將軍，領豫州牧。

諸葛瑾受到重用，引起了一些人的嫉妒，背後中傷他明保孫吳，暗通劉備，實際上是被他弟弟諸葛亮所用的。一時間謠言四起，滿城風雨。孫吳名將陸遜善明是非，他聽說後非常震驚，當即上表保奏，聲明諸葛瑾心胸坦蕩、忠心事吳，根本沒有不忠之事，懇請孫權不要聽信讒言，應該消除對他的疑慮。孫權說道：「子瑜與我共事多年，恩如骨肉，彼此也了解得十分透徹。對於他的為人，我是知道的，不合道義的事不做，不合道義的話不說。劉備從前派諸葛亮來東吳的時候，我曾對子瑜說過：『你與孔明是親兄弟，而且弟弟應隨兄長，在道理上也是

順理成章的，你為什麼不把他留下來，他不敢違背兄意，我也會寫信勸說劉備，劉備也不會不答應。』當時子瑜回答我說：『我的弟弟諸葛亮已投靠劉備，應該效忠劉備；我在你手下做事，應該效忠於你。這種歸屬決定了君臣之分，從道義上說，都不能三心二意。我兄弟不會留在東吳，如我不會到蜀漢去是一個道理。』這些話，足以顯示出他的高貴品格，哪能出現那種流傳的事呢？子瑜是不會負我的，我也不會負子瑜。

　　前不久，我曾看到那些文辭虛妄的奏章，當場便封起來派人交給子瑜，我還寫了一封親筆信給子瑜，很快就得到了他的回信。他在信中論述了天下君臣大節自有一定名分的道理，使我很受感動。可以說，我和子瑜已經是情投意合，而又是相知有素的朋友，絕不是外面那些流言蜚語所能挑撥得了的。我知道你和他是好朋友，也是對我一片真情實意。這樣，我就把你的奏表封好，像過去一樣，也交給子瑜去看，也好讓他知道你的一片良苦用心。」

⚑管理啟示

　　孫權重用諸葛瑾，引起了一些人的嫉妒和讒言，但因孫權了解諸葛瑾，所以沒有因為讒言而懷疑諸葛瑾，而是對其更加信任，他該做什麼還讓他做什麼，從不加以不必要的干涉，既然放權給他，就充分地信任他，不無端地猜疑。作為一個領導

者，如果做不到這一點，聽到讒言就對其下屬不信任，朝令夕改，今天讓下屬做，明天又不讓下屬做，這樣的話，只會敗壞了自己的事業，導致身敗名裂。

《孫子兵法》裡說道：「將能君不御」。領導者好比樹根，下屬好比樹幹，樹根就應該把吸收到的養分毫無保留地輸給樹幹。領導者授權後，就要予以信任，不能授而生疑，大事小事都干預，事無巨細勤過問。只要下屬有能力完成某項任務，授權後，就應允許他具有一定的自主權，下屬職權範圍內的事讓他自己說了算。只要不違背大原則，大可不必過問，不要隨意進行牽制和干預。

本章總結

(一) 有效授權的基本功能：

提高工作效率，降低成本。

培育員工、培養接班人。

使員工得到激勵，工作充滿激情與創造性。

使管理化繁為簡、化忙為閒、化緊張為和諧。

(二) 授權管理基本準則：

可以替下屬承擔責任，但是不可以替下屬做事。

任何時候，我幫你解決你的問題，你的問題絕不能成為我

第二章 為什麼要授權

的問題。

(三)有效授權的三要素：

清晰的任務本身。

與承擔責任對等的權力。

與使用權力對等的責任。

(四)有效授權的基本原則：

目標明確。

責任清晰。

因事授權，視能授權。

相互信任。

請寫下您的感悟或者即將付諸實踐的計畫：

第三章
如何有效改善領導的授權

「可授權的工作」應該是下屬可以做到或透過努力便能做到的。在這基礎上，授權出去又不會導致局面受到不良影響的工作，就應該盡量授權出去。而諸如財務權、人事權這樣重要的權力，通常都是對局面很有影響的權力，則一般不輕易授權。

在現有的基礎上，如何來改善授權？先看看北歐航空公司董事長卡爾松的方法，也許對大家有啟示意義。

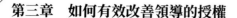

第三章　如何有效改善領導的授權

【案例：巧妙授權】

　　北歐航空公司董事長卡爾松在改革北歐航空系統的陳規陋習時，曾給予部下充分的信任和工作自由。開始時，他的目標是：要把北歐航空公司變成歐洲最準時的航空公司。但是卡爾松想不出該怎麼下手，他到處尋找合適的人選來負責處理此事，最後他終於如願以償，找到了合適的人選。於是卡爾松去拜訪他（合適的人選），說：「我們怎樣才能成為歐洲最準時的航空公司？你能不能替我們找到答案？過幾個星期來見我，看看我們能不能達到這個目標。」

　　幾個星期後，這個人約見卡爾松。卡爾松問他：「怎麼樣？可不可以做到？」

　　他回答：「可以，不過大概要花六個月的時間，還可能花掉你一百五十萬美元。」

　　卡爾松興奮地插嘴說：「太好了，說下去。」因為卡爾松本來估計是要花五倍多的代價。

　　卡爾松的神情把那個人嚇了一跳，他定了定神繼續說道：「等一下，我帶了幾個人來，準備向你匯報。他們可以告訴你我們到底想怎麼做。」卡爾松立即說：「沒關係，不必匯報了，你們放手去做好了。我相信你的能力。」

　　大約四個半月後，那個人請卡爾松過去，並給他看了幾個

月來的業績報告。當然他已使北歐航空公司成為歐洲第一,但這還不是全部。卡爾松還看到:這個人還省下了一百五十萬美元經費中的五十萬美元,一共只花了一百萬美元。

　　事後,卡爾松感慨地說:「如果我先是對那個人說:『好,現在交給你一件任務,我要你使我們公司成為歐洲最準時的航空公司,現在我給你兩百萬美元,你要這麼這麼做。』結果會怎樣你們一定可以預測到。他很可能會在六個月後回來對我說『我們已經照你所說的做了,而且也有了一定進展,不過離目標還有一段距離,也許還需花九十天左右才能做好。』而現在,這個數目我就照他要的給,他順順利利地就把工作做完了,也辦好了。」

　　✍管理啟示

　　正如卡爾松所做的,授權既然是一種技能,那麼技巧當然也是需要重視的。對授權過程進行深入思考,有助於改善授權的過程。卡爾松的高超之處在於變「我要求你做」為「我要做」。

理解授權的過程

　　授權涉及自主和控制兩方面的內容,被授權者有多大的自主權、授權者對被授權者的工作可施加多少直接控制都會影響

第三章 如何有效改善領導的授權

授權的效果。當你選擇被授權者時，實際上是在評估候選人是否能夠憑藉已有資源完成任務。指定被授權者後，你必須確保他們有充分的自主權，能夠以他們自己的方式去完成任務。當然，他們應遵守起初布置任務之時所提出的要求，並定期向你匯報進展情況。

授權是一種持續的過程，授權的一般程序如圖 3-1 所示。這個過程的第一個階段是分析，即由經理來選擇可以並且應該授權的任務。在選擇需授權的任務並指定被授權者之後，必須明確地界定每項任務的範圍。無論如何，適當的任務說明是必不可少的，你不可能要求員工對模糊不清的任務負全部責任。當然也需要某種監控，但切莫讓監控成為目的，最好的方式是把控制變成輔導。因為人們都希望能自主完成任務。最後是評估，此階段的核心問題是：被授權者做得怎麼樣？為了提高業績，雙方要作什麼變動？

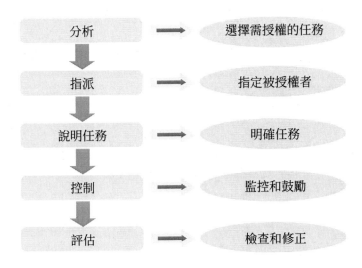

圖 3-1 授權的一般程序

學會放權

【案例：孔子學生子賤的放權哲學】

孔子的學生子賤有一次奉命擔任某地方的官吏。當他到任以後，卻時常彈琴自娛，不管政事，可是他所管轄的地方卻治理得井井有條，民興業旺。這使該地的前任官吏百思不得其解，因為他每天從早忙到晚，也沒有把地方治理好。於是他請教子賤：「為什麼你能治理得這麼好？」子賤回答說：「你只靠自

83

己的力量去進行，所以十分辛苦；而我卻是借助別人的力量來完成任務。」

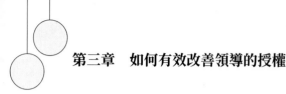 管理啟示

現代企業中的領導人，喜歡把一切事攬在身上，事必躬親，管這管那，從來不放心把一件事交給手下人去做。這樣，他整天忙碌不說，還會被公司的員工指責大權獨攬。

其實，一個聰明的領導人，應該是子賤二世，學會正確地利用部屬的力量，發揮團隊合作精神，這樣不僅能使團隊很快成熟起來，同時也能減輕管理者的負擔。

在公司的管理方面，要相信少就是多的道理：你管得少些，反而收穫就多了。

那麼關鍵的問題是：什麼樣性質的工作是必須完全授權出去的呢？我們來看另一個例子。

避免效率假象

【案例：史特萊面對「效率假象」】

美國山達鐵路公司總經理史特萊年輕時，雖自己努力工作，卻尚不懂得怎樣去支配別人工作。一次，他被派主持設計

某項建築工程。他率領三個職員，到一低窪地方測量水的深淺，以便知道經過多深的水，才可以建築堅固石基。

當時史特萊才二十出頭，資歷尚淺，雖已有好幾年時間在各鐵路測量隊或工程隊服務的經驗，但獨當一面，指揮別人工作，尚屬第一次。他極想為三個職員作出表率，以增進工作效率，在最短的時間內完成工作。所以開始的前兩天，他埋頭工作並以為別人一定學他的樣，共同努力。誰知道這三個愛爾蘭職員，世故甚深，狡猾成性，他們見青年主任這麼努力，以為他少不更事，便假為恭順，奉承史特萊的工作優良，而自己卻袖手旁觀，幾乎一事不做。成績當然難以達到史特萊預先的期望。

畢竟史特萊腦子清楚，不為欺矇。思索了一晚，發覺自己措施失當，知道自己若將工作完全攬在身上，則那三個職員就不會再努力。第三天工作時，史特萊便改正以前的錯誤，專力於指揮監督，不再事必躬親，果然成效顯著。

⚐管理啟示

從上述的例子中，可以看得出來「讓別人做」來替代「自己做」確實發揮了作用，可是問題是，如果史特萊所做的工作都是他的職員無法做到的工作，那麼還能否授權呢？

所謂「可授權的工作」，應該是下屬可以做到或透過努力

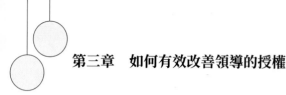

第三章　如何有效改善領導的授權

便能做到的。在這基礎上，授權出去又不會導致局面受到不良影響的工作，就應該盡量授權出去。而諸如財務權、人事權這樣重要的權力，通常都是對局面很有影響的權力，則一般不輕易授權。

【知識連結：杜絕反授權】

所謂反授權，就是指下級把自己所擁有的責任和權力反授給上級，即把自己職權範圍內的工作問題、矛盾推給上級，「授權」上級為自己工作。這樣便使理應授權的上級領導反被下級牽著鼻子走，處理一些本應由下級處理的問題，使上級領導在某種程度和某種方面上「淪落」為下級的下級。對此，如果不警惕，不僅使上級領導工作被動，忙於應付下級請示、匯報，而且還會養成下級的依賴心理，從而使上下級都有可能失職。

反授權現象的出現，其原因無非兩大類：一是領導方面的原因，二是下屬方面的原因。

來自領導者方面的原因主要有：

（一）經理不善於授權，缺乏授權的經驗和氣度。

（二）思想跟不上形勢，寧肯自己多做也不願意授權下屬；對下屬不夠信任，非得親自動手才踏實；擔心大權旁落，自己被「架空」。

（三）少數經理官僚主義嚴重，喜歡攬權，搞個人主義，使得下屬無相應的決策權，因而不得不事事向上級請示匯報。

（四）對反授權來者不拒。權力授出後，還事必躬親，一一過問。一些怕擔風險、能力平庸的下屬，特別是一些善於投機、拍馬屁的人，喜歡事無巨細都向上級請示匯報，以顯示對領導者的尊重。

來自下屬方面的原因有：

（一）某些下屬不求有功，但求無過。

（二）缺乏應有的自信心和必要的工作能力。

（三）下屬思想政治素養差，只求謀官，不想做事；只想討好八方，不願自冒風險；害怕承擔風險，喜歡將矛盾上交；認為就算搞不好責任也在上面，自己可以推卸責任。

必須授權的工作

該授不授，是失職。有一次在企業裡說到這個問題的時候，有個員工意見就很大，說他的經理經常什麼事都不放心，什麼事都覺得他自己做最好。如客戶打來一個諮詢電話，自己正在說的時候，他的經理就一把搶過電話說了一堆，完了放下

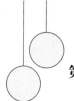

電話還把他數落一通。這種現象在企業裡很多，對重複的、非決策性的、下屬能夠做得比經理好的工作，必須授權下屬去做，否則就是經理的「失職」。

必須授權的工作有以下幾個特徵：

（一）授權風險低。這類工作授權給下屬去做，幾乎沒有什麼財務、商譽等風險。例：接聽電話、收發傳真、整理文件、外出購物等。

（二）經常重複。有些工作反覆出現，而且工作的過程中，所需運用的經驗、智力、處理方法和技術每次都幾乎相同，有工作規範、操作手冊和多次的經驗可循，這類工作宜授權下屬去做。例：按照操作規範所進行的生產工序。

（三）下屬會做得更好。許多工作下屬做起來無論從技能還是經驗方面都會比上司做得更好、更專業，這類工作必須授權。例：網頁設計師設計網頁，會比上司設計得更好；系統維護工程師在系統維護方面更專業、更優秀。

（四）下屬能夠做好。凡是有經驗和實例證明某些工作下屬能夠做好的，就必須授權給下屬來做。例：應徵主管小周有著豐富的初次面試應徵人員的經驗，而且做得很專業，人力資源部任經理很放心，以後公司的初次

面試工作就必須授權小周去做。

應該授權的工作

這類工作目前下屬已經完全能夠勝任，但是過去不能勝任或由於某些原因沒有擔任，此時應該立即授權下屬去做。

應該授權的工作有以下幾種情況：

（一）下屬剛任職時不具備完成此項工作的能力，在上司的輔導和專業培訓下，逐步掌握或基本掌握了此項工作的方法和技能。這類工作一般都是由於當初下屬不具備相應的能力，上司不得不「替」下屬做或不得不讓下屬按照指令去做的工作。例：應徵主管剛任職時，由於沒寫過應徵廣告稿，起草了幾次任經理也不滿意，於是在以後的應徵中，廣告稿都由任經理親自撰寫。最近，應徵主管已經能寫出比較像樣的廣告稿了，這時，撰寫廣告稿就成了應該授權的工作。

（二）某項工作大家過去從來沒有做過，對上司和下屬都具有挑戰性，但是風險仍然可承受。例：公司銷售一直是走通路，銷售狀況也令人滿意。現在銷售人員提出試試拓展客戶，如果成功，將開拓出新的銷售模式；如果不成功，對銷售業績影響也不大。拓展客戶費用

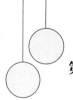

也不高，銷售部經理應該授權試一試。

（三）雖然整個工作授權給下屬可能有很大風險，但可以透過劃分權限對關鍵環節進行控制。一般來說，這類工作上司具有豐富的實戰經驗，對整個工作進程十分熟悉，知道需要什麼工作標準，知道哪個環節可能有較大風險，知道採用什麼方式可以有效地克服困難、防範風險。同時，下屬在這類工作上沒有實戰經驗，或沒有操作全程的經驗。例：公司要求人力資源部在規定的期限為新建的六個部門應徵六名部門經理，如果不能按時入職，將對公司的發展計畫產生很大影響。經理根據過去的實戰經驗知道這項工作的關鍵在於「事先確定合理的薪酬標準」和「選擇恰當的應徵管道」兩個環節。於是，經理要求除這兩個關鍵環節必須由自己點頭之外，其他環節都授權應徵主管去做。

可以授權的工作

按照常規，這類工作一般都由經理去做，有一定的難度和挑戰性，經理自己也要承擔一定的風險，需要較高的能力方可勝任。這類工作一般都帶有探索、探路的性質，做好了是一大突破，做不好問題多多。對這類工作，經理可以在適當的時機

授權下屬去做。當然，不授權也沒有什麼錯。

不應授權的工作

由於組織的結構是層級化的，總有一些工作是無法或不能授權給下屬做的，這類工作包括：

(一) 需要身分的。如客戶要來公司和部門經理洽談、參觀公司的經理辦公室等工作無法授權下屬來做。

(二) 設定工作目標和標準。這些必須由上司親自確定，不能授權下屬指定工作目標和標準。

(三) 重大決策。關係到公司和部門的發展方向和發展計畫，雖然可以聽取員工建議，但決策最後必須由上司作出。

(四) 新進人員甄選，直屬下級的考核與獎懲。

(五) 財務簽字權和採購審批權。

(六) 資訊被披露受限制的。

【案例：比爾蓋茲的「思考週」】

在「富比士二〇〇七全球富豪榜」上，五十二歲的比爾蓋茲以五百六十億美元的身價連續第十三度占據全球首富之位！二〇二一年以一千兩百四十億美元居富比世富豪榜第四名，

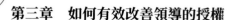

第三章　如何有效改善領導的授權

十五年來財富成長一倍，截至二〇一八年，微軟創辦人比爾蓋茲在過去過去二十四年間共上榜十八次。

　　這個大學輟學創業者，二十歲創建微軟；三十一歲成為有史以來最年輕的億萬富翁；三十七歲成為美國首富；三十九歲身價一舉超越華爾街股市大亨華倫‧巴菲特，成為世界首富。在三十多年的時間裡，身處技術更迭頻繁、商業模式層出不窮的 IT 業，雖然競爭對手不斷湧現，各種質疑之聲也從未間斷，但依舊沒人能取代他獨特的位置。

　　多年來，許多人從不同角度探究過比爾蓋茲的成功祕訣，常見的有：專注技術、領導藝術、人才管理和公司文化等。但很少有人知道，比爾蓋茲還有一個從四十歲就開始養成的非常獨特的習慣，即「閉關思考週」。

　　所謂的「閉關思考週」，是指隔絕外界干擾、安心安靜思考重大策略問題的一週過程。比爾蓋茲每年都會抽兩段時間，用「閉關」的方式獨自思考問題，這被稱為比爾蓋茲的「思考週」。在「思考週」之前，蓋茲會要求各部門菁英在他們個人的專長領域給他提供大量閱讀資料和技術建議。在「思考週」裡，蓋茲通常的工作方式是埋頭閱讀經過篩選的資料和技術建議，記下自己的想法，靜靜思考，最終作出一些對公司技術策略有較大影響的重要決定。

　　「閉關思考週」對蓋茲、對微軟來說，確實成果斐然。

許多突破性創新策略都來自於這個關鍵週，如開發出打垮網景（Netscape）的網路探險家（IE）瀏覽器、創造出平板電腦（Tablet PC），以及開拓在線遊戲事業的計畫，都是「思考週」的產物。也許正是七天的「閉關思考週」改變了微軟，也改變了資訊世界！

蓋茲願意在百忙中，抽身出來思考，什麼事務都不做，可謂是英明的領導者。而不願授權和不會授權的領導者，將給自己積累越來越多的工作和決策事務，使自己在日常瑣碎的工作細節中越陷越深，甚至成為碌碌無為的「事務主義者」。由於個人的能力、精力畢竟有限，這種領導者最後不得不「分給他人一點」。到此地步，有些事情已經根本無暇顧及了。大事、要事擱在一邊，下屬的積極性也擱置一旁，這樣就失去了主動性。由此對比，我們可以發現，蓋茲是將自己的精力集中於思考突破性的事務中，而非瑣事中。關於未來的事情總是一些最重要的工作，這些工作是真正應該由管理者、領導者負起責任來的。

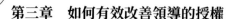

管理者必須重視的導致授權失敗的幾個主要原因

（一）如果採用的方式涉及財務權的問題，而財務權事先又沒有授權的話，屆時又要請示並等候上司批准。

例：應徵主管根據以往經驗，要按時應徵六名新建部門的經理，必須採用「獵頭」的方式，即委託獵頭公司去「挖人」，這就涉及較高的費用。如果這筆費用得不到批准的話，「獵頭」就不能進行。實際上等於這種方式要事先得到批准，等於「採用何種方式」的權力被收回。

（二）如果採用的方式涉及人事權的問題，而任職人又沒有相應的人事權的話，屆時也要請示上司。

例：應徵主管準備以參加秋季人才應徵大會的方式應徵，但是參加應徵會從籌備到現場應徵，應徵主管一人是不夠的，還需要其他人員的參與，而應徵主管並沒有調用其他人員的權力。

（三）上司對工作方式吃不準，怕因此耽誤工作，於是指定下屬採用某種方式或「糾正」下屬的工作方式。

例：人力資源部任經理知道應徵這六名新建部門的經理對於公司新業務的開拓非同小可，如不能按時完成，將在老闆那

裡無法交待。於是，不敢讓應徵主管自行決定應徵方式，而是下達指令，要求這次必須採用「應徵會」、「獵頭」、「報紙廣告」、「網上應徵」一起上的方式，以求及時完成這項任務。這樣，實際上沒有授予應徵主管工作方式決定權。

（四）上司對於下屬的能力懷疑，怕下屬在工作中「出事」或無法完成任務，於是，在任職人的工作中「頻頻支招」，搞得任職人手足無措。

例：新建部門不屬於傳統產業，業內相同經驗的從業人員很少，如新建的「虛擬營運商事業部」，幾乎找不到現成的從業人員。經理擔心應徵主管在篩選申請人資料時將「千里馬」篩掉，於是親自動手篩選。顯然，授權又被收回了。

（五）工作過程的複雜性和多環節導致在「何種方式」上實際沒有授權。

例：「在二〇〇九年三月底以前，為新建的六個部門應徵到六名部門經理」，完成這個工作目標需要經過以下環節：

—— 職位描述、職責和任職資格。

—— 應徵政策、薪酬、考核、獎懲、合約期、競業避止協議。

—— 應徵廣告的擬定。

—— 廣告媒體的選取。

—— 獵頭公司的選取。

　　—— 申請人資料的篩選。

　　—— 面試的方法。

　　—— 面試安排（面試官、時間、地點、量表）。

　　假如將「採用何種方式」去應徵完全授權給應徵主管去做，在廣告媒體的選取這環節上意味著完全由應徵主管作決定。但是，在實際上：

　　—— 「上哪個報紙」往往應徵主管說了不算。

　　—— 由於涉及廣告費的問題，可能需要高層（人事副總）簽批。

　　—— 一旦廣告效果不好，又花費又誤事，應徵主管擔心負不起這個責任，於是請示上司。

　　由上述案例分析可以發現，當授權涉及財務權、人事權時，授權是容易失敗的，管理人員應當尤其注意和小心。

　　此外就是管理者與員工工作配合的問題了，有些管理者會對下屬的能力沒有信心，而另一些情況是下屬不知道如何與上司配合。

本章總結

　　（一）主管要改善授權，學會合理授權，應當明確：

　　必須授權的工作。

　　應當授權的工作。

可以授權的工作。

不應授權的工作。

(二) 主管要警惕授權中的「效率假象」和「反授權」。

(三) 管理者必須重視的導致授權失敗的幾個主要原因。

請寫下您的感悟或者即將付諸實踐的計畫：

下篇

激勵的藝術

第三章　如何有效改善領導的授權

第四章
激勵與管理實踐

何為激勵

「激勵」一詞，分兩層含義。「激」，原是形聲詞，本義：水勢受阻遏後騰湧或飛濺。《說文解字》一書中這樣寫到：「激：水礙衺（讀ㄒㄧㄝˊ，邪惡之意）疾波也。從水敫（讀「ㄐㄧㄠˋ」）聲。一日半遮也。」勵：勉勵。《說文解字》中解為：「勉力也。」表示的是一種行為的強化。

【案例：鯰魚效應 ── 「激」】

挪威人喜歡吃沙丁魚，尤其是活魚。市場上活沙丁魚的價格要比死魚高出許多。所以漁民總是千方百計地讓沙丁魚活著回到漁港。雖然經過種種努力，絕大部分沙丁魚還是在中途因窒息而死亡。但卻有一條漁船總能讓大部分沙丁魚活著回到漁港。船長嚴格保守著祕密。直到船長去世，謎底才揭開。原來是船長在裝滿沙丁魚的魚槽裡放進了一條以魚為主要食物的鯰魚。鯰魚進入魚槽後，由於環境陌生，便四處游動。沙丁魚見了鯰魚十分緊張，四處躲避，加速游動。這樣一來，一條條沙丁魚就活蹦亂跳地回到了漁港。原來鯰魚進入魚槽，使沙丁魚感到威脅而緊張起來，加速游動，於是沙丁魚便活著到了港口。這就是著名的「鯰魚效應」。

✍管理啟示

鯰魚效應描述的是一種有效的「受激」現象。

它對於「漁夫」來說，在於激勵手段的應用。漁夫採用鯰魚來作為激勵手段，促使沙丁魚不斷游動，以保證沙丁魚活著，以此來獲得最大利益。在企業管理中，管理者要實現管理的目標，同樣需要引入鯰魚型人才，以此來改變企業相對一潭死水的狀況。在《道德經》第十五章中有這麼一句話：「孰能濁以靜之徐清，孰能安以動之徐生。」意思大概是：誰能夠在渾濁的環境中生存，並且使渾濁慢慢澄清下來？誰能夠在安靜的環境中又推動起來，使新的東西慢慢地催生出來？那麼搞好一個企業，管好一間公司，有效的激勵管理不就是使渾濁變清澈，使死氣沉沉變得充滿生機、朝氣蓬勃嗎？

它對於「鯰魚」來說，在於自我實現。鯰魚型人才是企業管理必需的。鯰魚型人才是出於獲得生存空間的需要出現的，而並非是一開始就有如此良好的動機。對於鯰魚型人才來說，自我實現始終是最根本的。

它對於「沙丁魚」來說，在於缺乏憂患意識。沙丁魚型員工的憂患意識太少，一味地想追求穩定，但現實的生存狀況是不允許沙丁魚有片刻的安寧。「沙丁魚」如果不想窒息而亡，就應該也必須活躍起來，積極尋找新的出路。

第四章　激勵與管理實踐

「活動」——講的是你要「活」下來，就必須「動」起來。促成「動」的動力不僅在於有利益和誘惑的吸引，也在於有威脅和危機的存在。

【案例：威士忌效應——「勵」】

很久以前，一位漁夫在河邊發現一條蛇咬住一隻青蛙，青蛙眼看就要命喪蛇腹，眼中流出絕望的淚水。漁夫惻隱之心頓生，於是上前要求蛇放青蛙一命，蛇吞著青蛙，無法快速逃離，見漁夫如是要求，萬般無奈，只得放了青蛙。青蛙獲救，千恩萬謝之後，迅速離開了現場，而蛇眼看到嘴的食物失去，心頭不免憤憤，漁夫觀之，將懷中一瓶威士忌酒拿出給了蛇。蛇從未飲過如此美酒，將酒一飲而盡，對漁夫謝過後離開。漁夫頃刻間將此事圓滿處理，不免有些得意洋洋，在午後的陽光下昏沉沉入睡。不料過了一會兒，河裡又有些聲響，被吵醒後，漁夫見剛才離去的蛇又游了回來，嘴裡咬著兩隻青蛙，而且為避免將青蛙咬死，蛇只是死死咬住青蛙的腿。蛇帶著渴望的目光望著漁夫，好像在說這下我是不是可以賞得兩瓶威士忌酒，漁夫一時瞠目結舌。

✍管理啟示

威士忌效應描述的是一種典型的「受勵」現象。

漁夫用威士忌酒激勵了不該激勵的蛇，造成蛇變本加厲的行為。員工某些行為的偶發，得到了高層錯誤的「激勵」，這些違反制度的行為就無意中被強化。而身在事外的更多人，也讀懂了規則外的規則，於是制度就成了紙上文章。

根據「激」和「勵」的本意，兩個字放在一起，實際上表示的是透過設置某種「情節」以達到情緒的「騰湧、飛濺」，並使得行為得到不斷的強化。它強調了三層意思：

(1) 激勵是需要設置某種「情節」或「場景」來發揮作用的。

(2) 有效的激勵，應是被激勵者的情緒得到某種有效的激發。

(3) 它的結果是被激勵者的某種行為得到了強化。

（圖片來源：百度百科）

在管理學的範疇中，所謂激勵，就是在管理的過程中運用

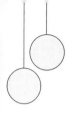

第四章　激勵與管理實踐

物質和精神兩種手段，激發人的動機，誘導人的行為，調動人的積極性，以達到管理目標而採取的手段。這一定義一般包含以下幾方面的內容：

（一）激勵的出發點是滿足組織成員的各種需求，即透過系統設計的適當外部獎酬形式和工作環境，來滿足企業員工的外在性需要和內在性需要。

（二）科學的激勵工作需要獎勵和懲罰並舉，既要對員工表現出來符合企業期望的行為進行獎勵，又要對不符合企業期望的行為進行懲罰。

（三）激勵貫穿於管理的全過程，包括對員工個人需要的了解、個性的掌握、行為過程的控制和行為結果的評價等。因此，激勵工作需要耐心。

（四）溝通貫穿於激勵工作的始末，從對激勵制度的宣傳、企業員工個人的了解，到對員工行為過程的控制和對員工行為結果的評價等，都依賴於一定的溝通。企業組織中溝通是否通暢，是否及時、準確、全面，直接影響著激勵制度的運用效果和激勵工作的成本。因此，溝通是做好激勵的基礎。

（五）激勵的最終目的是在實現組織預期目標的同時，也能讓組織成員實現其個人目標，即達到組織目標和

員工個人目標在客觀上的統一，組織與個人的「雙贏」結果。

【知識連結：威爾許論員工類型】

「每年，我們都要求每一家 GE 公司為他們所有的高層管理人員分類排序，其基本構想就是強迫我們每個公司的領導者對他們領導的團隊進行區分。他們必須區分出：在他們的組織中，他們認為哪些人是屬於最好的百分之二十，哪些人是屬於中間大頭的百分之七十，哪些人是最差的百分之十。如果他們的管理團隊有二十個人，那麼我們就想知道，百分之二十最好的四個和百分之十最差的兩個人是誰 —— 包括姓名、職位和薪水待遇。表現最差的員工通常都必須走人。」

—— 《傑克‧威爾許自傳》

激勵的八項基礎原則

一、目標結合原則

在激勵機制中，設置目標是一個關鍵環節。目標設置必須同時體現組織目標和員工需要的要求。良好的文化就是讓員工目標逐漸靠近組織目標。

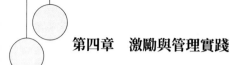

二、物質激勵和精神激勵相結合的原則

物質激勵是基礎，精神激勵是根本。在兩者結合的基礎上，逐步過度到以精神激勵為主。只有物質激勵沒有精神激勵是害人，只有精神激勵沒有物質激勵是愚人，二者要兼顧，做到物質與精神雙豐收。

三、引導性原則

外激勵措施只有轉化為被激勵者的自覺意願，才能取得激勵效果。因此，引導性原則是激勵過程的內在要求。內心有意願，行為才出效果。

四、合理性原則

激勵的合理性原則包括三層含義：（一）激勵的措施要適度。要根據所實現目標本身的價值大小確定適當的激勵量。（二）獎懲要公平。（三）要由小到大，由弱到強。

五、明確性原則

激勵的明確性原則包括三層含義：（一）明確。激勵的目的是需要做什麼和必須怎麼做。（二）公開。特別是在分配獎金等事關員工注意力的問題上，這一點更為重要。（三）直覺。實施物質獎勵和精神獎勵時都需要直覺地表達它們的指標，直覺性與激勵影響的心理效應成正比。

六、時效性原則

要把握激勵的時機,「雪中送炭」和「雨後送傘」的效果是不一樣的。激勵越及時,越有利於將人們的熱情推向高潮,使其創造力連續有效地發揮出來。

七、正激勵與負激勵相結合的原則

所謂正激勵就是對員工符合組織目標的期望行為進行獎勵。所謂負激勵就是對員工違背組織目標的非期望行為進行懲罰。正負激勵都是必要而有效的,不僅作用於當事人,而且會間接地影響周圍其他人。

八、按需激勵原則

激勵的起點是滿足員工的需要,但員工的需要因人而異、因時而異,並且只有滿足最迫切需要(主導需要)的措施,其效果才高,其激勵強度才大。因此,領導者必須深入地進行調查研究,不斷了解員工需要層次和需要結構的變化趨勢,有針對性地採取激勵措施,才能收到實效。

管理實踐中的經典激勵案例

激勵是行為的鑰匙,也是行為的按鈕,按動什麼樣的按鈕,就會產生什麼樣的行為。所以,要「讓員工跑起來」,首先

應當拿到「激勵」這把鑰匙！

　　對於絕大多數領導者而言，如何正確、恰當地對員工的工作動機進行引導和激勵，是最重要的任務之一。讓員工把組織的目標看成是自己的任務目標，使他們為實現這種目標而自覺努力工作，這都需要對員工的工作動機進行引導和激勵。激勵能力越來越成為領導力的最重要表現。

　　你無法推任何人上階梯，除非他本人爬上去。

── 美國鋼鐵大王安德魯‧卡內基

【案例：小數字帶動大管理 ── 施瓦布的奇招】

　　查爾斯‧M‧施瓦布是美國著名的伯利恆鋼鐵公司的董事長。公司旗下有一個工廠，工廠的工人總是無法完成目標，為此施瓦布來到工廠的廠長辦公室，問廠長：「事情怎麼會這樣呢？那個目標並非無法完成啊？」

　　「我也不知道是怎麼回事。」廠長為難地說，「我向那些人說盡好話，又發誓又賭咒的，但就是不管用。我甚至威脅要把他們開除，也沒有一點效果。他們就是無法完成目標。」

　　「請你領我到廠裡去看看吧。」施瓦布說。

　　當他們來到工人作業的地方時，正值白班工人要下班，夜班工人即將接班。施瓦布就問一個白班工人：「請問你們今天一

共煉了幾爐鋼？」

「一共六爐。」工人回答。

施瓦布默默拿起一支粉筆，在一塊小黑板上寫了一個大大的阿拉伯數字「6」，然後就一聲不吭地離開了。

夜班工人上班了，當他們看到黑板上出現了一個「6」字時，都十分好奇，便問白班工人那是什麼意思。

「董事長今天到這裡來了，」那位白班工人說，「他問我們今天一共煉了幾爐鋼，我們說六爐，他就在黑板上寫下了這個數字。」

第二天一大早，施瓦布又來到工廠。他看了看黑板，見夜班工人把「6」換成了「7」，就微笑著離開了。

白班工人來上班時，都看到了那個「7」。一位白班工人激動地大叫道：「什麼意思嘛！這分明就是在說我們白班工人不如他們夜班工人做得多，我們倒要讓他們看看到底誰比誰強！大家說是不是？」白班工人們都大聲附和。

就這樣，白班工人為了向夜班工人顯示出自己的能力，都加緊工作。當他們晚上換班時，黑板上出現了一個巨大的「10」字。

於是，兩班工人互相挑戰，展開了激烈的競爭。很快，這家產量一直落後的工廠，最終成了所有工廠中業績最好的。

第四章　激勵與管理實踐

✍管理啟示

施瓦布僅僅用了一個小小的「6」字就改變了工廠的生產效率，解決了打罵甚至開除威脅都辦不到的事情。施瓦布的高明之處，就在於他喚起了工人們的競爭意識。工人們做事一向拖拖拉拉，但在突然有了競爭壓力後，就激發起了他們的士氣。

在我們的生活中從來都不缺乏能發生這樣改變的機會，但是這樣的機會又千百遍地從我們身邊溜走。其實只要你留意，一定會驚訝地發現，在我們身邊有那麼多可以激勵員工積極性的奇妙方法。

國家的繁榮昌盛、社會的進步發展、組織的更新換代、個人的成長進步都離不開「競爭」二字。管理者要時常讓員工處於「競爭」的狀態。

【案例：林肯電氣打造員工流動率最低的公司】

林肯電氣公司總部設在克利夫蘭，年銷售額為四十四億美元，擁有兩千四百名員工，並且形成了一套獨特的激勵員工的方法。該公司百分之九十的銷售額來自於生產弧焊設備和輔助材料。

林肯電氣公司的生產工人按件計酬，他們沒有最低時薪。員工為公司工作兩年後，便可以分享年終獎金。該公司的獎

金制度有一整套計算公式，全面考慮了公司的毛利潤及員工的生產率與業績，可以說是美國製造業中對工人最有利的獎金制度。在過去的五十六年中，平均獎金額是基本薪資的百分之九十五點五，該公司中部分員工的年收入超過十萬美元。近幾年經濟發展迅速，員工年均收入為四萬四千美元左右，遠遠超出製造業員工年收入一萬七千美元的平均水準。在不景氣的年頭裡，如一九八二年的經濟蕭條時期，林肯電氣公司員工收入降為兩萬七千美元，這雖然相比其他公司還不算太壞，可與經濟發展時期相比就差了一大截。

公司自一九五八年開始一直推行職業保障政策，從那時起，他們沒有辭退過一名員工。當然，作為對此政策的回報，員工也相應要做到以下幾點：在經濟蕭條時他們必須接受減少工作時間的決定；要接受工作調換的決定；有時甚至為了維持每週三十小時的最低工作量，而不得不調整到報酬更低的職位上。

林肯電氣公司極具成本和生產率意識，如果工人生產出一個不合標準的部件，那麼除非這個部件修改至符合標準，否則這件產品就不能計入該工人的薪資中。嚴格的計件薪資制度和高度競爭性的績效評估系統，形成了一種很有壓力的氛圍，有些工人還因此產生了一定的焦慮感，但這種壓力有利於生產率的提高。據該公司的一位管理者估計，與國內競爭對手相比，

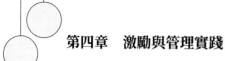

林肯電氣公司的總生產率是他們的兩倍。自一九三○年代經濟大蕭條以後，公司年年獲利豐厚，沒有缺過一次分紅。該公司還是美國工業界中工人流動率最低的公司之一。該公司的兩個分廠被《財富》雜誌評為全美十佳管理企業。

✍管理啟示

　　從案例中我們發現林肯公司的員工努力工作，他們也承受著很大的工作壓力，但由於採用了有效的激勵制度 —— 職業保障政策再配以合理的績效評估和激勵體系，員工們都願意為公司努力工作，公司的整體競爭力得到了一貫的保證，林肯電氣成功地打造出流動率最低、生產率最高的公司。

　　日本的企業也有類似的制度，它們被稱為終身雇用制。為什麼這些企業都願意終身雇用他們的員工呢？這樣的風險會不會太大了？可是我們反過來想想，如果能擁有一個健康穩定行而有效的團隊，那麼又有什麼樣的坎過不去？作為管理者必須牢記員工是企業最重要的資產。而對員工的長期、短期激勵是讓這些資產創造出更大財富的重要工作。

　　只要讓我挑選一百名員工帶走，我就能重建微軟。

—— 比爾蓋茲

本章總結

所謂激勵，就是在管理的過程中運用物質和精神兩種手段，激發人的動機，誘導人的行為，調動人的積極性，以達到管理目標而採取的手段。

物質激勵是基礎，精神激勵是根本。在兩者結合的基礎上，逐步過度到以精神激勵為主。只有物質激勵沒有精神激勵是害人，只有精神激勵沒有物質激勵是愚人，二者要兼顧，做到物質與精神雙豐收。

激勵是行為的鑰匙，也是行為的按鈕，按動什麼樣的按鈕，就會產生什麼樣的行為。所以要研究如何激起員工的積極性，首先要掌握激勵這把「鑰匙」！

請寫下您的感悟或者即將付諸實踐的計畫：

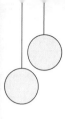

第四章　激勵與管理實踐

第五章
激勵的實踐原則與主要的
激勵理論模型

管理者應該了解員工的真正需求是什麼，才能做到有效激勵。

從內在的人性中找出外在秩序的源頭。儒家向來把「仁」作為擇人、擇官的標準，即強調「愛人」，強調如何透過人與人之間的彼此關愛、尊重，使一切達到和諧。因此人們常說「半部《論語》治天下。」

影響激勵效果的不僅有報酬的絕對值，還有報酬的相對值。

使一個人發揮最大能力的方法，是讚賞和鼓勵。

馬斯洛需求理論及實踐應用

按需激勵原則是指激勵時應該以客體的需求為導向，以避免對牛彈琴的無效激勵。

需要指的是一種內部狀態，它使某種結果具有吸引力。當需求未被滿足時就會產生緊張，進而激發了個體的驅力，這種驅力將導致尋求特定目標的行為。

【案例：加薪了還離職？】

文靜是一家化妝品公司的銷售經理，良好的個人素養和突出的工作能力給她帶來顯著的業績，因此公司提升她為總公司的銷售經理。但升遷和加薪並沒有提升文靜的工作滿意度，一個月後，文靜向公司遞交了辭職書，轉而服務另外一家化妝品公司。為什麼升遷和加薪導致的結果竟然是跳槽？原因是，文靜的新上司並不信任她這個從業不久的「新人」，給她安排的多是一些簡單而瑣碎的日常工作，並且在她的工作中不斷地干預。但是文靜習慣了獨立思考，獨立完成挑戰性高的工作，因此對於上司的種種安排感到非常不滿，她更加需要的不是物質獎勵的增加和地位的提升，而是上司的尊重、信任和自我實現。

最著名的關於需求的理論是亞伯拉罕・馬斯洛提出來的。

馬斯洛把人類需求分為五個層面，如圖 5-1 所示。

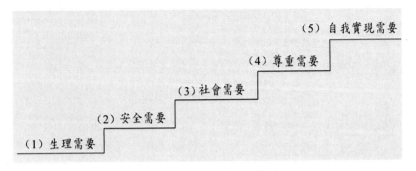

圖 5-1 人類需求的五個層次

(1) 生理需要：食物、水、住所、性滿足以及其他方面的生理需要。

(2) 安全需要：保護自己免受身體和情感傷害的需要。

(3) 社會需要（歸屬和愛的需要）：友誼、愛情、歸屬及再給接納方面的需要。

(4) 尊重需要：內部尊重包括自尊、自主、成就感，而外部尊重包含地位、認可、關注等。

(5) 自我實現需要：成長與發展、發揮自身潛能、實現自我理想的需要。這是一種追求個人能力極限的驅力。

馬斯洛認為：人是有需要的動物，已經得到滿足的需要不能再起激勵的作用；並且人的需要具有層次性，前一層需要得到滿足後，下一層需要就成為主導需要。當然，沒有一種需要能完全、徹底地得到滿足，但只要大體上得到滿足，就不再有

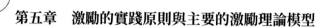

激勵作用了。所以以馬斯洛的理論為基礎，為了對員工或其他人進行激勵，管理者必須經常關注員工們的需求層次，並重點滿足他們在各自層次上的需求。各需求層次及其表現形式如表5-1 所示。

表 5-1 馬斯洛需求激勵原理

需求層次	一般的表現形式	團隊的表現形式
生理	食物、水、性、睡覺	薪資、福利、工作環境
安全	安全、穩定、保護	安全的工作場所、持續穩定的收入
社會歸屬	愛、感情、歸屬	良好的工作氛圍、健康的團隊活動、友好的監督行為業協會
尊重	自尊、自愛、地位	他人肯定、社會認可、贏得榮譽、地位提升
自我實現	成長、發展、創造	能力提升、職業工作成就、晉升、拓展的人脈

【知識連結：亞伯拉罕・馬斯洛簡介】

　　亞伯拉罕・馬斯洛（Abraham Harold Maslow）是一位美國心理學家，早期曾經從事動物社會心理學的研究，一九四〇年在美國社會心理學雜誌上發表《靈長類優勢品質和社會行為》一文。之後轉入人類的社會心理學研究。一九四三年出版了《人類動機理論》，一九五四年出版了《動機與人格》，一九六二年出版了《存在心理學導言》一書。馬斯洛的觀點屬於人本主義心

理學，其哲學基礎是存在主義。

【案例：沃爾瑪的人力資源策略解決員工遠慮與近憂】

沃爾瑪的人力資源策略就非常重視員工生理需求的充分滿足，並將此種需求與企業利益掛鉤，實現雙贏。每個在沃爾瑪工作兩年以上並且每年工作一千小時的員工都有資格分享公司當年利潤。此項計畫使員工的生活品質又上一水準，員工的工作熱情空前高漲。之後，山姆又推出了僱員購股計畫，讓員工透過薪資扣除的方式，以低於市值百分之十五的價格購買股票。這樣員工利益與公司利益休戚相關，實現了真正意義上的「合夥」。滿足了基礎物質需要的員工根據自己的需求，進一步把自己的命運與公司聯繫在一起。隨著公司的發展，員工們也走向富裕。此外，沃爾瑪公司還推行了許多獎金計畫，最為成功的就是損耗獎勵計畫。如果某家商店能夠將損耗維持在公司的既定目標之內，該店每個員工均可獲得獎金，最多可達兩百美元。這一計畫也大大降低了公司的損耗率，節約了經營開支。

✍ 管理啟示

員工為公司開源節流的行為如果得不到重視和鼓勵，這個行為就一定不會長久。所謂「倉廩實，則知禮節；衣食足，則知榮辱。」員工的生存、安全需要一旦得以滿足，相互關係的

需要就變得迫在眉睫了。社交需要、尊重需要和自我實現需要就會越來越明顯。而這些需要又與個人性格、經歷、生活區域、生活習慣、宗教信仰等密切關聯。因此管理者應該著重關注這些要素，以了解員工的真正需求是什麼，才能做到有效激勵。《財富》雜誌評出的最受歡迎的一百家最佳公司中的大部分都有慷慨地為員工提供「軟福利」——即那種能夠進一步協調工作與生活之間關係的各種便利的行為，諸如在公司內部提供理髮和修鞋等多項生活服務，以及免費早餐等看起來不起眼的福利，這為員工提供了極大的方便。這類福利使公司表現得富有人情味，接受調查的員工都說他們非常珍視這一點。他們定期舉辦各種宴會、聯歡會、生日慶祝會、舞會等，透過這些活動，不但可以加強人與人之間的聯繫，管理者還可以傾聽員工對企業的各種意見和建議。把企業建成一個充滿親情的大家庭，使得員工有明顯的歸屬感，而不是成為組織的邊緣人。

【案例：玫琳凱激勵員工高招迭出】

物質讚美

粉紅色轎車的讚美：這是對美容顧問的最高獎勵。從一九六九年開始，每年年底，玫琳凱都會送出一批粉紅色凱迪拉克轎車給業績前五名的美容顧問。這種「帶輪子的獎盃」，不

僅讓金牌美容顧問自豪不已，而且成為玫琳凱的公關宣傳。

豪華遊的讚美：業績一流的銷售主任，每年可以攜帶家眷到香港、曼谷、倫敦、巴黎、日內瓦、雅典等地進行「海外豪華遊」；年度競賽的優勝者，會被盛情邀請參加「達拉斯之旅」，到玫琳凱總部去「朝聖」。

精神讚美

例會上的讚美：玫琳凱各地區分公司每週的例會上，都會有這周銷售最佳人員成功經驗的敘述和分享，這是一種別樣的讚美。主持人在介紹最佳銷售員時，每一個美容顧問都會毫不吝嗇自己的掌聲。

緞帶的讚美：每位美容顧問在第一次賣出一百美元產品時，就會獲得一條緞帶，賣出兩百美元時再得一條，依此類推。這種僅需要〇點四美元的精神鼓勵，遠比一百美元的物質刺激有效。

別針的讚美：玫琳凱最經典的獎品。這些別針在美國達拉斯設計製造，然後用飛機運到世界各地，用以獎勵在銷售產品時有優異銷售業績的美容顧問。在每一個不同的階段，當你有了一些進步和改善的時候，玫琳凱都會獎給你各種不同意義的別針，玫琳凱公司每一位美容顧問都會以佩戴形式各異的別針為榮。

第五章　激勵的實踐原則與主要的激勵理論模型

　　紅地毯的讚美：銷售業績超群的美容顧問，公司會用紅地毯歡迎她們返回總部，「每一個人都像對待皇親國戚般高看她們」。

　　紅馬甲的讚美：每年在總部召開的年度討論會上，頂尖的美容顧問會身穿紅馬甲登臺演講，並接受臺下同事的掌聲鼓勵。

　　《喝彩》雜誌的讚美：作為公司內部發行刊物，其發行量和許多全國性的雜誌不相上下。這本雜誌的最主要目的就是給予讚美，它的上面刊登每月世界各地最優秀的美容顧問名錄、各種競賽活動及其獲獎情況，詳細介紹頂尖美容顧問的推銷業績和推銷技巧，還刊登這些優秀女性的成功經驗及成長體會。這個雜誌每月一期，以不同的國家為單位發行，使玫琳凱美容顧問在公開讚美中分享經驗。

　　一位首席美容顧問這樣描繪自己對玫琳凱的感受

　　「在玫琳凱，到處都洋溢著幫助的熱情，到處都能聽到真心的讚美與鼓勵。從我們進入的第一刻起，玫琳凱就告訴我們，玫琳凱是給女人搭建的舞臺，她的文化就是為女人不斷喝彩。」總之，美容顧問每取得一點進步，她就會得到充分的認可，並獲得繼續發展的指導和訓練，使她不斷提高自己的奮鬥目標並腳踏實地地去行動。在她個人成長的每個階段，玫琳凱都會給予不同的獎勵。

✍管理啟示

「人性最大的渴望就是得到讚美和肯定。」戴爾·卡內基一語中的。人人都希望被讚美，女性尤其如此，玫琳凱高明之處正在於不斷用「你能做到」的精神來激勵廣大女性朋友加入自己的事業中，形式豐富的激勵給予員工極大的鼓舞，讓她們真正從內心發現自己、相信自己、挑戰自己，其中不乏出現大量的成就自我者。員工在各種激勵中感受到，努力是有意義的，心血沒有付諸東流。

這就是激勵的力量，當然僅知道激勵的力量還是不夠的。實踐中更多的是「誤用」的例子。結果是：費力不討好。真正有效的激勵是能滿足員工需求和潛在需求的激勵。人有很多需求，生存、尊重、認同、自我價值實現，不同的員工就像不同的顧客，各種需求也是不同的。有些人看重物質，有些人看重精神，更有些根本不是為了工作，而是為了自己的一個自我價值的實現。了解這些並有的放矢，你的激勵才能發揮出最大的效用。

【案例：尊重即激勵 ——
IBM 總裁托馬斯‧ J‧ 華生感動員工】

在一九九○年代，全世界的企業模範是 IBM 公司，IBM 的

總裁托馬斯‧J‧華生是世界首富。有一次，托馬斯‧J‧華生到了 IBM 總部看一下新人訓練。應該說可以被 IBM 錄取的人，都是世界頂尖的推銷員。結果這個總裁在窗外看了一下：怎麼教室有一個人，好像上課不太認真。一般來講，總裁看到新人第一次訓練不認真，會以責罵代替溝通。但 IBM 總裁身為當時的世界首富，他非常了解：管理要嚴格，但關心人要用真心、要用愛心。

後來，總裁就把這個人請了出來，這個人可能第一天上班，還沒見過總裁。總裁遞了一張名片，這個員工一看，傻了眼，上面寫「IBM CEO —— 托馬斯‧J‧華生」。他說：「哇，總裁，真的很抱歉、很抱歉！」總裁說：「沒關係，剛才，我看你在做訓練的時候，好像有些心事 —— 當然，可以被我們 IBM 錄取的人肯定是世界頂尖人才，你今天第一次報到，肯定非常想學習，你一定有更重要的事情，在心裡耽擱著，請問你有什麼事情？」

這位員工看到總裁這麼有愛心，這麼關心新員工，他就把真心話講出來了。他說：「報告總裁，我太太今天生產，我很關心她的健康，很關心我的小孩是否安全。」總裁聽到後，驚訝地說：「啊！你太太今天生產，你還願意來接受訓練，你真的很優秀。」

總裁說：「請問你太太是在哪一家醫院？」這位員工說：「報

告總裁，我們是住別的州，我今天是跨州來紐約做訓練的。」總裁聽後，便說：「請跟我來。」這個員工想說到底去哪裡啊，結果 IBM 總裁帶著他坐著他的私人轎車到了機場，又坐上了 IBM 總裁的私人飛機，飛到他住的那一州。到醫院產房的時候，一打開門，看到了一束鮮花，上面寫著 IBM 總裁托馬斯·J·華生贈。哇！這名員工太感動了，幾乎要落淚了。

他看到他太太時說：「妳今天狀況如何？孩子如何？」他太太說：「我只要你答應我一件事情。」

他說：「今天什麼事情我都答應妳，因為妳是全世界最偉大的母親，妳是最好的太太，最優秀的女人。」

太太說：「你一定要答應我一輩子在 IBM 公司上班。」

✍管理啟示

激勵是管理工作中的重中之重，是每位管理者都必須掌握的。按需激勵是管理中的重點，只有「對症下藥」，才能「藥到病除」。可以設想如果總裁托馬斯·J·華生批評了這位員工，那將是另外一番情景。滿足需求的前提是了解需求，要了解需求就要善於溝通，溝通的基礎是尊重與平等，而不是自以為是的判斷或下結論。

「人受到震動有種種不同：有的是在脊椎骨上；有的是在神經上；有的是在道德感受上；而最強最持久的是在個人尊嚴上。」

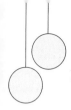

這句約翰·高爾斯華綏的名言是多麼精闢而又耐人尋味。

【知識連結：動機與需求】

在組織中「動機」指的是：個體透過高水準努力而實現組織目標的願望，其前提條件是這種努力能夠滿足個體的某些需要。

動機可以看作是需要獲得滿足的過程，當需要未被滿足時個體就會產生緊張，進而激發個體的驅力，這種驅力將導致尋求特定目標（滿足需要）的行為。激勵過程可以描述為：

未滿足的需要→緊張→驅動力→尋求行為→需要滿足→緊張解除

在組織中被激勵的員工處於緊張狀態之中，為了緩解這種緊張，他們努力去工作，緊張程度越大，員工的努力程度越高。如果這種努力能夠成功地導致個體需要的滿足，它將解除緊張狀態。由於在激勵中設計的個體的需要與組織目標相一致，這種解除緊張的努力必然會推進組織目標的實現。從未滿足的需要到需要滿足後緊張解除這一激勵過程中，有多種因素在起著影響作用。這些因素透過影響其中一個或多個環節而影響激勵效果（績效）。我們將這些因素稱為激勵過程因子。

赫茲伯格雙因素理論及實踐應用

【案例：加薪了，為何反倒積極性更低了】

黃友亮對這次薪資的調整不滿意極了。因為他認為相較於宋高華，自己並沒有得到應有的鼓勵。

黃友亮來到這家公司已十多年，比宋高華多了五年的年資。這次公司薪資的調整，黃友亮只比宋高華多出幾百塊錢。然而，論年資、職級、工作表現，黃友亮從未遲到早退，工作態度也甚為積極。至於宋高華在工作表現上，成績平平，只是能言善道，虛浮不實，善於做表面功夫。

最近，部門主管發現黃友亮工作態度消沉了許多，就找來面談。

部門主管：黃友亮，你最近怎麼了？你的工作績效似乎退步了！有什麼問題嗎？

黃友亮：沒什麼啦！只是我覺得這次調薪好像不太公平！

部門主管：怎麼說？

黃友亮：論資歷、工作表現，我都不該只比宋高華多出幾百塊錢。我認為加薪除了應以底薪的比率調整外，還要考慮個人的努力程度、績效和對公司的貢獻等。按理說，我應該可以

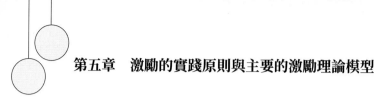

調整得更多。我感覺到這不是一次公平合理的調薪。

　　部門主管：好的！我去查查看，然後給你答覆。不過，我的建議是做人不必太計較，而且工作的目的，並不完全在於薪資的高低，有時候成就感、事業心也是蠻好的，你認為呢？

　　由於這次的談話並沒有滿意的結果，且似乎有被責怪的意味，黃友亮並沒有改善他的工作態度。

✍管理啟示

　　上述案例中，為什麼加薪之後，努力程度反倒下降了？按道理，加薪之後努力程度應該得到提升啊。難道是黃友亮根本沒有加薪的需求？即便是沒有需求，應當也不至於使努力程度下降啊。原來「按需原則」還不足以練就完美的激勵高招，還有其他的原理在制約著激勵的效果。其中重要的便是心理學大師赫茲伯格的激勵保健理論。

　　所謂激勵因素，就是說「沒有的時候，不覺得怎樣。一旦有了，會覺得很高興」。所謂保健因素則是「有了，不覺得怎樣，但如果沒有的話，那就會覺得很不爽。」具體的激勵因素和保健因素如圖 5-2 所示。

激勵因素	保健因素
● 成就	● 監督
● 認可	● 公司政策
● 工作本身	● 與主管關係
● 責任	● 工作條件
● 進步	● 薪水
● 成長	● 與同伴關係
	● 個人生活
	● 與下屬關係
	● 地位
	● 穩定與保障

圖 5-2 激勵因素與保健因素

在案例中，我們發現其實是黃友亮心裡的期望值與主管認定的期望值不同，主管認為加薪對於黃友亮是激勵因素，而黃友亮則認為是保健因素，因為他認為理所當然應該加薪更多，但是卻沒有得到，即「有了，不覺得怎樣，但如果沒有的話，那就會覺得很不爽。」

赫茲伯格的觀點和傳統激勵觀點的區別如圖 5-3 所示。

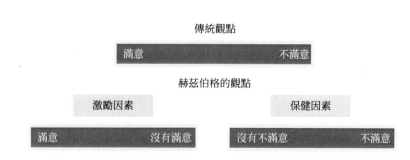

圖 5-3 傳統激勵觀點與赫茲伯格觀點的區別

那麼，上述案例我們應該做些什麼才能調節黃友亮因保健因素受損而造成的心理落差呢？

（一）事前做好相關調查，為訪談尋找有效論據。

① 尋找政策依據。如本公司的有關規定、薪資方案的制定標準，相信黃友亮和宋高華這類的情況應該是在制定方案時反覆考慮過的。② 尋找對比依據。了解其他人的調薪情況，如比黃友亮資歷老的、貢獻大的、調薪情況差不多的。③ 尋找重點依據。即宋高華個人情況。黃友亮是在和宋高華的比較後得出不公平的結論的，那麼宋高華的調資依據也是重點所在。作為部門主管，完全可以列舉宋高華做出的一些表現突出的地方，寸有所長，宋高華表現平平也可能是黃友亮的個人觀點。

（二）在允許的範圍內採取非物質補償。

如果確實是由於薪資方案的問題，或者黃友亮成績突出的

話，可以採取榮譽、職位、賦予重要任務等非物質手段激勵，讓黃友亮感受到自己是被重視的，在公司發展是有前途的，不必計較一時得失。

（三）肯定成績，分析利弊。

在找黃友亮談話的同時，一定要充分肯定其成績，然後將調研時得到的資料一一展現，從公司、領導、同事、個人等上下左右多角度全方位地論證。這就要看個人溝通了，可以在談話的過程中根據黃友亮的反應等因勢利導，讓其知道公平是相對的，前途是光明的，他是被重視的，但消極怠工是不成熟的，尤其是既不利人也不利己的。

（四）及時做好上下溝通工作。

作為部門主管，就要造成承上啟下、上下協調的作用。對下要貫徹上級指示，確保公司統一領導，對上要積極反映情況，維護員工權益。同時，不要忘了進一步徵求黃友亮對薪資分配及其他建設等方面的意見和建議，讓他站在公司的角度一起分析可行性（這樣既可以讓下屬理解上級的難處，又可以徵求到好的建議），並將薪資績效、激勵措施等建議呈報有關部門。

最後一點就是不要忘了追蹤績效，及時反饋。

雙因素理論在實踐中的應用策略如表 5-2 所示。

表 5-2 雙因素理論在實踐中的策略

雙因素理論	企業管理者的激勵策略
激勵因素	幫助員工制定個人發展計畫
	授權
	指導和培訓機會
	對員工的肯定與尊重
保健因素	工作豐富化
	公正評價員工表現
	良好的工作環境
	良好的人際關係
	合理的薪資水準
	工作保障與安全
	就企業政策與員工溝通

【知識連結：赫茲伯格及其激勵研究】

　　雙因素理論又叫激勵保健理論，是美國的行為科學家弗雷德里克·赫茲伯格提出來的，也叫「雙因素激勵理論」。雙因素激勵理論是他最主要的成就。

　　一九五○年代末期，赫茲伯格和他的助手們在美國匹茲堡地區對兩百名工程師、會計師進行了調查訪問。訪問主要圍繞兩個問題：在工作中，哪些事項是讓他們感到滿意的，並估計這種積極情緒持續多長時間；又有哪些事項是讓他們感到不滿意的，並估計這種消極情緒持續多長時間。赫茲伯格以對這些

問題的回答為資料，著手去研究哪些事情使人們在工作中快樂和滿足，哪些事情造成不愉快和不滿足。結果他發現，使職工感到滿意的都是屬於工作本身或工作內容方面的；使職工感到不滿的，都是屬於工作環境或工作關係方面的。他把前者叫做激勵因素，後者叫做保健因素。

保健因素的滿足對職工產生的效果類似於衛生保健對身體健康所起的作用。保健從人的環境中消除有害於健康的事物，它不能直接提高健康水準，但有預防疾病的效果；它不是治療性的，而是預防性的。保健因素包括公司政策、管理措施、監督、人際關係、物質工作條件、薪資、福利等。當這些因素惡化到人們認為可以接受的水準以下時，就會產生對工作的不滿意。但是，當人們認為這些因素很好時，它只是消除了不滿意，並不會導致積極的態度，這就形成了某種既不是滿意又不是不滿意的中性狀態。

那些能帶來積極態度、滿意和激勵作用的因素就叫做「激勵因素」，這是那些能滿足個人自我實現需要的因素，包括成就、賞識、挑戰性的工作、增加的工作責任，以及成長和發展的機會。如果這些因素具備了，就能對人們產生更大的激勵。從這個意義出發，赫茲伯格認為傳統的激勵假設，如薪資刺激、人際關係的改善、提供良好的工作條件等，都不會產生更大的激勵；它們能消除不滿意，防止產生問題，但這些傳統的

「激勵因素」即使達到最佳程度，也不會產生積極的激勵。按照赫茲伯格的意見，管理當局應該認識到保健因素是必需的，不過它一旦使不滿意中和以後，就不能產生更積極的效果。只有「激勵因素」才能使人們有更好的工作成績。

　　赫茲伯格及其同事之後又對各種專業性和非專業性的工業組織進行了多次調查，他們發現，由於調查對象和條件的不同，各種因素的歸屬有些差別，但總體來看，激勵因素基本上都是屬於工作本身或工作內容的，保健因素基本都是屬於工作環境和工作關係的。但是，赫茲伯格注意到，激勵因素和保健因素都有若干重疊現象，如賞識屬於激勵因素，基本上起積極作用；但當沒有受到賞識時，又可能起消極作用，這時又表現為保健因素。薪資是保健因素，但有時也能產生使職工滿意的結果。

X、Y 理論及實踐應用

【案例：罰款？員工就走人！】

　　「公司員工的薪資在當地是中高水準，但是企業還是招不到人，這是企業的普遍問題了」，嘉利企業是一家製鞋公司，老闆吳總很困惑，「但是現在的工廠現場管理比較亂，問他們為什麼

老是搞不好？他們回答，不好管，給他們罰款他們就不做，到時哪裡去找人？」

✍管理啟示

一直以來，大家都知道「胡蘿蔔加大棒」是管理層常用的管理工具。歷史上，這套管理工具是一套很好的組合工具，不過起成效卻表現得「時靈時不靈」。為什麼呢？原來這套工具是有使用前提的。我們先來看一個較為成功的例子。

【案例：王熙鳳恩威並施鎮寧國府】

王熙鳳可謂是紅樓夢中一位典型的管理者，紀律嚴明，恩威並施。時間意識強可謂是王熙鳳管理的一大特色。王熙鳳一到寧國府就明確提出時間管理的要求，因此當王熙鳳第一天「卯正二刻」正式到寧國府點卯，「那寧國府中婆娘媳婦聞得到齊」，她們的生理時鐘彷彿一下就被王熙鳳調整過來了。王熙鳳對寧國府的人說：「素日跟我的人，隨身自有鐘錶，不論大小事，我是皆有一定的時辰。橫豎你們上房裡也有時辰鐘。」為了徹底扭轉寧國府紀律渙散的頹廢，王熙鳳每天親自點名，嚴格管理勞動紀律。有一天，王熙鳳按名查點，各項人數都已到齊，只有迎送親客上的一人未到。即命傳到，那人百般求饒。王熙鳳說道：「本來要饒你，只是我頭一次寬了，下次人就難管，不如現

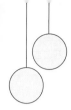

開發的好。」登時放下臉來，喝命：「帶出去，打二十板子！」一面又擲下寧國府對牌：「出去說與來升，革他一月銀米！」這時人們才真正知道鳳姐厲害。眾人不敢偷閒，自此兢兢業業，執事保全。當然，王熙鳳十分諳熟恩威並施的管理之道，她一方面強調紀律，嚴格執法，同時也不忘讓大家有個希望，她鼓勵大家說：「咱們大家辛苦這幾日罷，事完了，你們家大爺自然賞你們。」

✍管理啟示

在王熙鳳的例子中，眾人不敢偷閒，自此兢兢業業，執事保全，可謂是很有成效，可用一個詞概括王熙鳳的管理方法：賞罰分明。那麼所謂「胡蘿蔔加大棒」，到底如何才能發揮成效呢？來看看美國著名的行為科學家道格拉斯‧麥格雷戈（Douglas M.MC Gregor）的研究成果，即：他在一九五七年十一月美國《管理評論》雜誌上發表的「企業的人性方面」一文中提出的有名的「X、Y理論」。

麥格雷戈認為，有關人的性質和人的行為假設對於決定管理人員的工作方式來講是極為重要的。各種管理人員以他們對人的性質的假設為依據，可用不同的方式來組織、控制和激勵人們。

【知識連結：X 理論】

麥格雷戈把傳統的管理觀點叫做 X 理論，其主要內容是：

(一) 大多數人是懶惰的，他們盡可能地逃避工作。

(二) 大多數人都沒有什麼雄心壯志，也不喜歡負什麼責任，而寧可讓別人領導。

(三) 大多數人的個人目標與組織目標都是自相矛盾的，為了達到組織目標必須靠外力嚴加管制。

(四) 大多數人都是缺乏理智的，不能克制自己，很容易受別人影響。

(五) 大多數人都是為了滿足基本的生理需要和安全需要而工作，所以他們將選擇那些在經濟上獲利最大的事去做。

(六) 人群大致分為兩類，多數人符合上述假設，少數人能克制自己，這部分人應當負起管理的責任。

根據 X 理論的假設，管理人員的職責和相應的管理方式是：

(一) 管理人員關心的是如何提高勞動生產率、完成任務，他的主要職能是計劃、組織、經營、指引、監督。

(二) 管理人員主要是應用職權，發號施令，使對方服從，讓人適應工作和組織的要求，而不考慮在情感上和道義上如何給人以尊重。

（三）強調嚴密的組織和制定具體的規範和工作制度，如技術規程。

（四）應以金錢報酬來收買員工的效力和服從。

✍管理啟示

由此可見，此種管理方式正是「胡蘿蔔加大棒」的方法，一方面靠金錢的收買與刺激，另一方面靠嚴密的控制、監督和懲罰迫使其為組織目標努力。麥格雷戈發現當時企業中對人的管理工作以及傳統的組織結構、管理政策、實踐和規劃都是以 X 理論為依據的。

基於麥格雷戈 X 理論的管理方式實際上是一種統治方式，它的基本前提是「胡蘿蔔的誘惑」或「大棒的壓制」可能生效。這種條件對於工業時代的體力工作可能是奏效的，因為他們知識不多，謀生的唯一方式是貢獻體力，生產資料不足，處於一種「受制」狀態。

麥格雷戈本人也認為，在人們的生活還不夠豐裕的情況下，「胡蘿蔔加大棒」的管理方法是有效的。但是，當人們達到了豐裕的生活水準時，這種管理方法就無效了。因為，那時人們行動的動機主要是追求更高級的需要，而不是「胡蘿蔔」（生理需要、安全需要）了。另一方面，雖然當時工業組織中人的行

為表現同 X 理論所提出的各種情況大致相似，但是人的這些行為表現並不是人固有的天性所引起的，而是現有工業組織的性質、管理思想、政策和實踐所造成的。他確信 X 理論所用的傳統的研究方法建立在錯誤的因果觀念的基礎上。由此，他提出了 Y 理論的基本假設。

【知識連結：Y 理論】

麥格雷戈提出了 Y 理論，它建立在對人的特性和人的行為動機的更為恰當的認識基礎上，其主要內容是：

(一) 一般人並不是天生就不喜歡工作的，工作中體力和腦力的消耗就像遊戲和休息一樣自然。工作可能是一種滿足，因而自願去執行；也可能是一種處罰，因而只要可能就想逃避。到底怎樣，要看環境而定。

(二) 外來的控制和懲罰並不是促使人們為實現組織的目標而努力的唯一方法。它甚至對人是一種威脅和阻礙，並放慢了人成熟的腳步。人們願意實行自我管理和自我控制來完成應當完成的目標。

(三) 人的自我實現的要求和組織要求的行為之間是沒有矛盾的。如果給人提供適當的機會，就能將個人目標和組織目標統一起來。

（四）一般人在適當條件下，不僅學會了接受職責，而且還學會了謀求職責。逃避責任、缺乏抱負以及強調安全感，通常是經驗的結果，而不是人的本性。

（五）大多數人，而不是少數人，在解決組織的困難問題時，都能發揮較高的想像力、聰明才智和創造性。

（六）在現代工業生活的條件下，一般人的智慧潛能只是部分地得到了發揮。

根據以上假設，相應的管理措施為：

（一）管理職能的重點。在 Y 理論的假設下，管理者的重要任務是創造一個使人得以發揮才能的工作環境，發揮出職工的潛力，並使職工在為實現組織的目標貢獻力量時，也能達到自己的目標。此時的管理者已不是指揮者、調節者或監督者，而是起輔助者的作用，從旁給職工以支持和幫助。

（二）激勵方式。根據 Y 理論，對人的激勵主要是給予來自工作本身的內在激勵，讓他擔當具有挑戰性的工作，擔負更多的責任，促使其工作做出成績，滿足其自我實現的需要。

（三）在管理制度上給予職工更多的自主權，實行自我控制，讓職工參與管理和決策，並共同分享權力。

⚒管理啟示

Y 理論的主張認為人們並非逃避工作，相反他們樂於進取，積極向上。這一點確實是值得人們思考的。不過更為重要的是，強調發揮員工積極建設的一面是符合中國文化傳統的。人性向善論是孔子德治主義政治人事思想的哲學起點。孔子有鑒於春秋時代的亂源在社會「知其法」，致使政治是非不明，人倫道德不彰，深明周代的一套禮制已流為形式，應當從內在的人性中找出外在秩序的源頭，重建人倫道德與治國之道。

逍之以政，齊之以刑，民免而無恥。

—— 《論語 · 為政》

孔子向來把「仁」這種最高的道德準則作為擇人、擇官的標準。為官之道，強調「愛人」，整個論語都透過禮節來強調，如何透過人與人之間的彼此關愛、尊重，使政治制度道德化、機構之間和諧化。這種思想，是建立在道德和倫理基礎上的。難怪有人說：「半部《論語》治天下」。

X 理論與 Y 理論的區別如圖 5-4 所示。

	X 理論	Y 理論
假設	員工天生不喜歡工作，只要可能，他們就會逃避工作	員工視工作如休息、娛樂一般消費。員工投入在工作中的體力和精力與他們花在私人生活中的一樣多
	由於員工不喜歡工作，引此必須採取強制措施或懲罰辦法，迫使他們努力工作，完成任務目標	如果員工對於某些工作做出承諾，他們會進行自我指導和自我控制，以完成組織任務，控制和懲罰並非是讓員工工作的唯一手段
	一般員工希望被指揮	工作滿意度是激勵員工與確保員工忠誠的關鍵
	員工只要有可能就會逃避責任	員工願意承擔責任。在適當條件下，大多員工不僅能夠承擔責任，而且會主動尋求承擔責任
	一般員工簡簡單單，安於現狀	員工富有想像力和創造力，不斷尋求改變。他們的靈活性有助於解決工作中出現的問題
應用	工廠大量生產；生產工人	專業服務、知識勞動者；管理人員、專業人員
有助於	大規模高效營運	專業化管理、複雜性問題的參與和解決
管理方式	獨裁式、強硬管理	參與式、柔性管理

圖 5-4 X 理論與 Y 理論對照圖

【案例：勞拉公司全面僱員參與有實效】

勞拉公司是美國一家成功的風味餐廳，使它繁榮的，是一支四千人的忠誠員工團隊。公司沒有令人窒息的規範制度，僱

員參與到公司每一方面的發展，廚師、管理者、設計者和美術人員都曾為每一家餐廳竭盡全力。它的長期僱員一般都有機會獲得自己公司的股份。公平的股份、深入的員工培訓、豐厚的福利和廣泛的晉升機會，使得公司在開發員工高度忠誠的同時保持了持續不斷的創造性，這在員工流動率很高的服務行業實屬鳳毛麟角。在這裡，如果一名主管不培養出自己的接班人，就不會得到晉升。公司老闆認為，如果人們感到滿意，並且過著受人尊敬的生活，你就可以使大家齊心協力。

【案例：一日廠長制緩解勞資矛盾】

韓國一家公司以前勞資矛盾較嚴重，管理者傷透了腦筋。後來推行一日廠長制，取得了良好的效果。公司每週三就會挑選一名職工做一天廠長，每週輪換一次。週三上午九點，一日廠長上任，第一項工作是聽取各工廠、部門主管的簡單匯報，以了解工廠的全盤營運情況，隨後與正式廠長一道巡視各工廠各部門的工作情況。最後一項工作是在辦公室裡，處理來自各部門工廠主管或員工的公文和報告。一日廠長有公文批閱權。在那天，呈報廠長的所有公文必須經一日廠長簽名批閱，廠長如果要更改其意見必須徵求他的意見，才能最後裁定，不能擅自更改。他還有權對工廠的管理提出批評意見，批評意見要詳

細記入工作日誌，以便在工廠部門之間傳閱。各工廠部門的主管必須聽取其批評意見，認真改善，還要寫出改善報告在幹部會議上宣讀，得到全體幹部認可方能結束。

✍管理啟示

合理運用 Y 原則確實也給一些企業帶來了一些利益。但是「人性本善」還是「人性本惡」的爭論已有千年，我們的思考結論趨於多元化，即人性並非一元，環境也造成了重要的作用。在一定條件下，好人會做壞事，壞人也會做好事，這樣的例子都是存在的。因此，Y 理論也是有應用前提的。管理者在使用時要盡可能地注意。

亞當斯公平理論及實踐應用

【案例：多勞少得還招怨，不公平感傷員工】

ABC 乳膠製品廠設於南方沿海城市，一九八〇年代初極力網羅人才建起一支頗具實力的技術團隊。不過他們雖確有專長，但與本廠業務領域並非十分吻合，真正從事乳膠工藝，年僅四十八歲的黃振聲工程師為加強此廠領導，派年富力強的宋偉華出任廠長。

經過調查，宋廠長發現內部植絨的乳膠手套在海外已成家庭必備品，需求極大，而中國尚頗罕見，因此決定向英國一公司購買相關技術，並以一百二十萬美元的高價達成購買協議。英方答應盡快供貨，並派專家來現場指導安裝調試，保證設備到貨後四個月內達到設計水準，投入生產。不料簽約後，英方不僅以種種藉口，推遲交貨，直到一九九〇年十月才將全套生產線運到，並派來兩名專家，而且經實際操作產品嚴重不合格，英方專家也一籌莫展。

廠團隊研究，決定依靠本廠內部技術力量自力更生，組成公關組。在徵詢原調試組組長黃工程師意見時，他表示自己沒把握，以身體、精力不濟推辭。於是只有國中畢業但有二十年設備維護經驗的李工程師主動請戰，並要小王做他助理。

連續一個半月，李、王二人每天熬夜加班，六周下來，居然進展顯著，許多難點都有不少突破，總產品合格率提高到了百分之六十，雖然距能實現盈利運行的百分之八十成品率標準還有點差距，但總是令人鼓舞的，是我們自己做到的呀。

團隊決定，給公關組李、王兩人各發八百元獎金，其餘組員各發五百元，以資鼓勵。宋廠長承認這獎金是顯得少了點，但再多發又怕別人不服氣。

果然，很快就聽到許多閒言閒語：「英國專家做得差不多了，他們去摘桃子，有啥了不起，就發那麼多錢？難道我們沒

工作？」「沒讓我去，要不會比他們兩個做得好！」「不是並沒有達到要求嗎？為什麼還給獎金？」甚至公司也來電話打聽，顯然有人給上頭告了狀。

宋廠長遇到李工和小王，想安慰幾句。李工先說：「廠長，聽見了吧？我不是為獎金去做的，是不服那幾個老外，也不願看見這麼貴的機器閒著。可兄弟們辛苦了一場，還得受這麼多氣。不是不能再改進，可如今誰還願意再做？」小李沒多話，只說了聲：「真沒意思，還不如調走好。」

🖋管理啟示

在所有的管理行為中，我們都發現，不公平感是對激勵具有巨大負面效果的。美國心理學家亞當斯深入研究了「公平感」，提出公平理論。公平理論認為，人能否受到激勵，不但由他們得到了什麼而定，還要由他們所得與別人所得是否公平而定。當人們感到不公平待遇時，在心裡會產生苦惱，呈現緊張不安，導致行為動機下降，工作效率下降，甚至出現逆反行為。個體為了消除不安，一般會出現以下一些行為措施：透過自我解釋達到自我安慰，逐個造成一種公平的假象，以消除不安；更換對比對象，以獲得主觀的公平；採取一定行為，改變自己或他人的得失狀況；發泄怨氣，製造矛盾；暫時忍耐或逃避。

【知識連結：亞當斯及其公平理論】

公平理論又稱社會比較理論，它是美國心理學家亞當斯（J.S. Adams）在《工人關於薪資不公平的內心衝突與其生產率的關係》、《薪資不公平對工作品質的影響》、《社會交換中的不公平》等著作中提出來的一種激勵理論。該理論側重於研究薪資報酬分配的合理性、公平性及其對職工生產積極性的影響。

該理論的基本要點是：人的工作積極性不僅與個人實際報酬多少有關，而且與人們對報酬的分配是否感到公平更為密切。人們總會自覺或不自覺地將自己付出的勞動代價及其所得到的報酬與他人進行比較，並對公平與否作出判斷。公平感直接影響職工的工作動機和行為。因此，從某種意義來講，動機的激發過程實際上是人與人進行比較，作出公平與否的判斷，並據以指導行為的過程。

公式

公平理論可以用公平關係式來表示，如圖 5-5 所示。

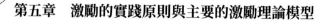

員工的評價

覺察到的比較比較*	員工的評價
$\dfrac{\text{所得A}}{\text{付出A}} < \dfrac{\text{所得B}}{\text{付出B}}$	不公平（報酬太低）
$\dfrac{\text{所得A}}{\text{付出A}} = \dfrac{\text{所得B}}{\text{付出B}}$	公平
$\dfrac{\text{所得A}}{\text{付出A}} > \dfrac{\text{所得B}}{\text{付出B}}$	不公平（報酬太高）

＊A代表某員工，B代表參照對象

圖 5-5 公平關係式

　　公平理論對我們有著重要的啟示：首先，影響激勵效果的不僅有報酬的絕對值，還有報酬相對值。其次，激勵時應力求公平，使等式在客觀上成立，儘管有主觀判斷的誤差，也不致造成嚴重的不公平感。再次，在激勵過程中應注意對被激勵者公平心理的引導，使其樹立正確的公平觀，一是要認識到絕對的公平是不存在的，二是不要盲目比較。

　　此外，在任何時候，都不要把絕對公平當作管理目標：絕對公平僅僅只是一個理想，不可能實現；「占不了便宜就認為吃虧」的人在實際公平的制度下仍有不公平感。只要程序與機制是公平的，出現少量不公平的結果，人們是可以接受的。管理者應該充分利用這一心理特點。而且，遵守過程公平原理可以讓「吃虧」的人把吃虧的原因歸因到自己身上，盡一切可能不讓員

工把原因歸因到管理者身上。

如果張三認為公司的薪酬政策制定的程序不公平，那麼他與李四月薪資差距就會導致他對管理者產生不信任感，感覺到自己受到歧視，這時，張三往往就會採取辭職或其他方式來表達自己的不滿。這一點尤其需要注意。

羅森塔爾期望定律及實踐應用

羅森塔爾是二十世紀美國著名的心理學家，一九六六年，他做了一項實驗，研究教師的期望對學生成績的影響。

【案例：羅森塔爾實驗 ── 期望和信心對人的影響】

羅森塔爾和助手來到一所小學，聲稱要進行一個「未來發展趨勢測驗」，測驗結束後，他們以讚賞的口吻將一份「最有發展前途者」的名單交給了校長和相關的老師，叮囑他們務必保密，以免影響實驗的正確性。其實他們撒了一個「權威性謊言」，因為名單上的學生根本就是隨機挑選的。

八個月後，奇蹟出現了。凡是上了名單的學生，成績都有了較大的進步，且各方面都表現得特別優秀。被期望的學生在智商上有了明顯的提高，智商中等的學生表現出更出色的適應能力、更大的魅力、更強的求知慾。

顯然，羅森塔爾的「權威性謊言」發生了作用，因為這個謊言對老師產生了暗示，老師們相信專家的結論，相信那些被指定的孩子確有前途，於是對他們寄予了更高的期望，投入了更大的熱情，更加信任、鼓勵他們。

這份名單左右了老師對學生能力的評價；而老師又將自己的這一心理活動透過自己的情感、語言和行為傳染給學生，使他們強烈地感受到來自老師的關愛和期望，變得更加自尊、自愛、自信、自強，從而使各方面都得到異乎尋常的進步。這些孩子感受到教師對自己的信任和期望，自信心得到增強，因而比其他學生更努力，進步得更快。

後來，人們就把這種積極期望產生的積極結果稱為「比馬龍效應」或「羅森塔爾效應」。它表明每一個孩子都可能成為非凡的天才，一個孩子能不能成為天才，取決於家長和老師能不能像對待天才一樣愛他、期望他、教育他。如破世界紀錄的運動員們，在開始比賽前，幾乎都有一種預感，覺得自己的狀態很好，能出好成績，而且現場的熱烈氣氛對他們的情緒高漲也起了很重要的作用。透過這些激勵和心理暗示，運動員的自信心得到增強，最大限度地發揮了自己的潛能。這種精神對物質的作用，成為一個人成就大小的重要決定因素之一。

為了進一步證實自己的想法，羅森塔爾還對大白鼠進行了實驗，看看人們的期望對動物是否產生作用。這一次，他選擇

了大學生進行實驗。羅森塔爾告訴實驗的大學生：「現在有兩種大白鼠，他們的品種是不一樣的，一組十分聰明，另一組特別笨。我希望你們訓練他們如何走迷宮，然後告訴我哪一組大白鼠更聰明。」事實上，這兩組大白鼠根本沒有什麼差別，而大學生們都相信，實驗結果肯定是不一樣的。

在羅森塔爾的指導下，學生們讓這兩組大白鼠學習走迷宮，看看哪一組學得快。結果與大學生期望的一樣，「聰明」的那一組大白鼠比「笨」的那一組學得快。

事實再一次證明了羅森塔爾效應的正確：人的期望會對孩子的成長產生巨大的影響。父母或老師以積極的態度期望孩子，孩子就可能朝著積極的方向前進；相反，如果對孩子存在著偏見，孩子就會缺乏自知和自控的能力。

GE 的前任 CEO 傑克·威爾許就是羅森塔爾效應的實踐者。他認為，團隊管理的最佳途徑並不是透過「肩膀上的槓槓」來實現的，而是致力於確保每個人都知道最緊要的東西是構想，並激勵他們完成構想。威爾許在自傳中用很多詞彙描述那個理想的團隊狀態，如「無邊界」理論、4E 素養（精力、激發活力、銳氣、執行力）等，以此來暗示團隊成員「如果你想，你就可以」。在這方面，威爾許還是一個遞送手寫便條表示感謝的高手，這雖然花不了多少時間，卻幾乎總是能立竿見影。因此，威爾許說：「給人以自信是到目前為止我所能做的最重要的

事情。」

　　有「經營之神」美譽的松下幸之助也是一個善用羅森塔爾效應的高手。他首創了電話管理術，經常打電話給下屬，包括新招的員工。每次他也沒有什麼特別的事，只是問一下員工的近況如何。當下屬回答說還算順利時，松下又會說：很好，希望你好好加油。這樣使接到電話的下屬每每感到總裁對自己的信任和看重，精神為之一振。許多人在羅森塔爾效應的作用下，勤奮工作，逐步成長為獨當一面的人才，畢竟人有百分之七十或更多的潛能是沉睡的。

　　美國鋼鐵大王卡內基選拔的第一任總裁查爾斯·M·施瓦布說：「我認為，我那能夠使員工鼓舞起來的能力，是我所擁有的最大資產。而使一個人發揮最大能力的方法，是讚賞和鼓勵。再也沒有比上司的批評更能抹殺一個人的雄心……我贊成鼓勵別人工作。因此我急於稱讚，而討厭挑錯。如果我喜歡什麼的話，就是我誠於嘉許，寬於稱道。我在世界各地見到許多大人物，還沒有發現任何人 —— 不論他多麼偉大，地位多麼崇高 —— 不是在被讚許的情況下，比在被批評的情況下工作成績更佳、更賣力的。」施瓦布的信條同卡內基如出一轍。正是因為兩人都善於激勵和讚賞自己的員工，才穩固地建立起了他們的鋼鐵王國。

　　所謂的羅森塔爾效應，其實就是「說你行，你就行，不行

也行；說你不行，你就不行，行也不行。」這句大白話的心理反應，因此作為管理人員，應該多多激勵自己的團隊成員，讓大家都朝著夢想的方向前進。

【知識連結：弗魯姆的期望理論】

期望理論（Expectancy Theory），又稱作「效價 - 手段 - 期望理論」，是北美著名心理學家和行為科學家維克托·弗魯姆（Victor H·Vroom）於一九六四年在《工作與激勵》中提出來的激勵理論。

激勵（motivation）取決於行動結果的價值評價（即「效價」valence）和其對應的期望值（expectancy）的乘積：

$M=V \times E$

期望理論的基本內容主要是弗魯姆的期望公式和期望模式。

期望公式

弗魯姆認為，人總是渴求滿足一定的需要並設法達到一定的目標。這個目標在尚未實現時，表現為一種期望，這時目標反過來對個人的動機又是一種激發的力量，而這個激發力量的大小，取決於目標價值（效價）和期望機率（期望值）的乘積。用公式表示就是：

$$M = \sum V \times E$$

　　M 表示激發力量，是指調動一個人的積極性，激發人內部潛力的強度。

　　V 表示目標價值（效價），這是一個心理學概念，是指達到目標對於滿足個人需要的價值。同一目標，由於個人所處的環境不同，需求不同，其需要的目標價值也就不同。同一個目標對每一個人可能有三種效價：正、零、負。效價越高，激勵力量就越大。

　　E 是期望值，是人們根據過去經驗判斷自己達到某種目標的可能性是大還是小，即能夠達到目標的機率。目標價值大小直接反映人的需要動機強弱，期望機率反映人實現需要和動機的信心強弱。

　　這個公式說明：假如一個人把某種目標的價值看得很大，估計能實現的機率也很高，那麼這個目標激發動機的力量越強烈。

　　期望模式

　　怎樣使激發力量達到最好值，弗魯姆提出了人的期望模式：

　　個人努力→個人成績（績效）→組織獎勵（報酬）→個人需要

　　在這個期望模式中的四個因素，需要兼顧三個方面的關係。

　　（一）努力和績效的關係。這兩者的關係取決於個體對目標

的期望值。期望值又取決於目標是否適合個人的認
識、態度、信仰等個性傾向，及個人的社會地位，別
人對他的期望等社會因素。即由目標本身和個人的主
客觀條件決定。

(二) 績效與獎勵關係。人們總是期望在達到預期成績後，
能夠得到適當的合理獎勵，如獎金、晉升、提級、表
揚等。組織的目標，如果沒有相應的有效的物質和精
神獎勵來強化，時間一長，積極性就會消失。

(三) 獎勵和個人需要關係。獎勵什麼要適合各種人的不同
需要，要考慮效價。要採取多種形式的獎勵，滿足各
種需要，最大限度地挖掘人的潛力，最有效地提高工
作效率。

【知識連結：比馬龍效應】

古希臘神話中，賽普勒斯國王比馬龍喜愛雕塑，他根據自
己心中理想的女性形象創作了一個象牙塑像，並愛上了他的作
品，對她愛不釋手，每天以深情的眼光觀賞不止。愛神阿芙蘿
黛蒂（羅馬人稱維納斯）非常同情他，便給這件雕塑賦予了生
命。在心理學上，透過真誠的期望感動別人，使被感動者的行
為結果逐漸趨向於期望者的心理預期，這種現象稱為比馬龍效
應，也有譯為「畢馬龍效應」的。由美國著名心理學家羅森塔爾

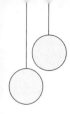

和雅格布森在小學教學上予以驗證提出，亦稱「羅森塔爾效應（Robert Rosenthal Effect）」或「期待效應」。

積極的期望會使人向好的方向發展，消極的期望則使人向壞的方向發展。要使員工發展得更好，應學會使用比馬龍效應，用積極的期望來激勵人。

本章總結

馬斯洛需求理論、赫茲伯格雙因素理論、X理論與Y理論、亞當斯公平理論、羅森塔爾期望定律基本理論及實踐應用。

無論哪一種激勵模型，激勵者都要以人為本，尊重人性，尊重人格。

任何一種管理的結果一定要分出優劣，獎優罰劣，以推進組織的提升、管理的優化和目標的實現。

請寫下您的感悟或者即將付諸實踐的計畫：

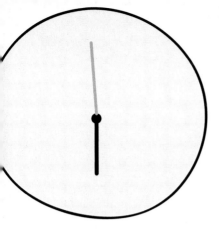

第六章
行為強化理論與應用

為了達到某種目的，人們會採取一定的行為作用於環境。
行為結果有利時，此行為會在之後重複出現；不利時，此
行為就會減弱或消失。用這種強化的辦法，可對行為進
行修正。

史金納的強化理論

【知識連結：史金納的研究】

　　B·F· 史金納是行為主義學派最負盛名的代表人物，也是世界心理學史上最為著名的心理學家之一，直到今天，他的思想在心理學研究、教育和心理治療中仍被廣為應用。

　　史金納關於操作性條件反射作用的實驗，是在他設計的一種動物實驗儀器即著名的史金納箱中進行的。如圖 6-1 所示，箱內放進一隻白鼠或鴿子，並設一槓桿或鍵，箱子的構造盡可能排除一切外部刺激。動物在箱內可自由活動，當它壓槓桿或啄鍵時，就會有一團食物掉進箱子下方的盤中，動物就能吃到食物。箱外有一裝置記錄動物的動作。史金納的實驗與巴夫洛夫的條件反射實驗的不同在於：① 在史金納箱中的被試動物可自由活動，而不是被綁在架子上；② 被試動物的反應不是由已知的某種刺激物引起的，操作性行為（壓槓桿或啄鍵）是獲得強化刺激（食物）的手段；③ 反應不是唾液腺活動，而是骨骼肌活動；④ 實驗的目的不是揭示大腦皮層活動的規律，而是為了表明刺激與反應的關係，從而有效地控制有機體的行為。

圖 6-1 史金納箱

　　史金納透過實驗發現，動物的學習行為是隨著一個起強化作用的刺激而發生的。史金納把動物的學習行為推而廣之到人類的學習行為上，他認為雖然人類學習行為的性質比動物複雜得多，但也要透過操作性條件反射。操作性條件反射的特點是：強化刺激既不與反應同時發生，也不先於反應，而是隨著反應發生。有機體必須先作出所希望的反應，然後得到「報酬」，即強化刺激，使這種反應得到強化。學習的本質不是刺激的替代，而是反應的改變。史金納認為，人的一切行為幾乎都是操作性強化的結果，人們有可能透過強化作用的影響去改變別人的反應。在教學方面教師充當學生行為的設計師和建築師，把學習目標分解成很多小任務並且一個一個地予以強化，學生透過操作性條件反射逐步完成學習任務。

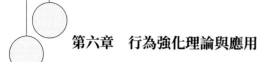

✍管理啟示

　　作為心理學大師的史金納先生以其「強化理論」聞名，其十分強調強化在學習中的重要性。強化就是透過強化物增強某種行為的過程，而強化物就是增加反應可能性的任何刺激。進而，他把強化分成積極強化和消極強化兩種。積極強化是獲得強化物以加強某個反應，如鴿子啄鍵可得到食物。消極強化是去掉討厭的刺激物，是由於刺激的退出而加強了那個行為。

　　但史金納認為不能把消極強化與懲罰混為一談。他透過系統的實驗觀察得出了一條重要結論：懲罰就是企圖呈現消極強化物或排除積極強化物去刺激某個反應，僅是一種治標的方法，它對被懲罰者和懲罰者都是不利的。他的實驗證明，懲罰只能暫時降低反應率，而不能減少消退過程中反應的總次數。

　　在他的實驗中，當鴿子已牢固建立按槓桿得到食物的條件反射後，在它再按槓桿時給予電刺激，這時反應率會迅速下降。如果以後槓桿不帶電了，按壓率又會直線上升。

強化行為的四種方式

　　強化是指隨著人的行為之後所發生的某種結果會使以後的這種行為發生的可能性增大。這就是說，那些能產生積極或令人滿意結果的行為，以後會經常得到重複，即得到強化。反

之，那些產生消極或令人不快結果的行為，以後重新產生的可能性很小，即沒有得到強化。

　　根據其實質的不同，強化行為又可以分為四種方式：正強化、懲罰、負強化、消退，如圖 6-2 所示。

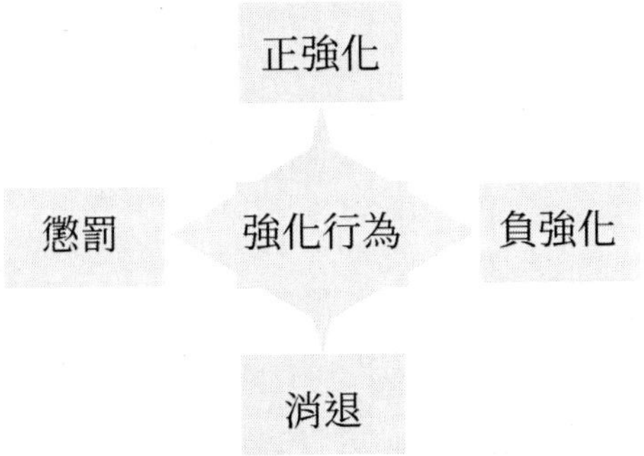

```
                    正強化


        懲罰        強化行為        負強化


                    消退
```

圖 6-2 強化行為的四種方式

強化的四種方式與行為發生可能性的關係如圖 6-3 所示。

	希望的事件	不希望的事件
事件出現	正強化 行為更可能發生	懲罰 行為更不可能發生
事件不出現	消退 行為更不可能發生	負強化 行為更可能發生

圖 6-3 強化的四種方式與行為發生可能性的關係

第六章　行為強化理論與應用

一、正強化

正強化：指用某種有吸引力的事件對某種行為進行獎勵和肯定，使其重複出現和得到加強。

它包括獎勵、認可、讚美、增加地位等方式。

【案例：威爾許的便籤】

讀過《傑克‧威爾許自傳》的人，肯定對威爾許的便條式管理記憶猶新。一九九八年威爾許對傑夫寫道：「……我非常賞識你一年來的工作……你準確的表達能力以及學習和付出精神非常出眾。需要我扮演什麼角色都可以 —— 無論什麼事，給我打電話就行。」在這本書的後面有威爾許從一九九八年至二〇〇〇年寫給傑夫的便條。這些便條在完善威爾許管理理念的過程中所產生的作用是十分巨大的。這些充滿人情味的便條對下級或者是朋友的激勵是多麼讓人感動，這種尊重付出、肯定成果的胸懷令多少人自嘆不如。

✍管理啟示

每名員工再小的好表現，若能得到認可，都能產生激勵的作用。傑克‧威爾許曾說：「我的經營理念是要讓每個人都能感覺到自己的貢獻，這種貢獻看得見，摸得著，還能數得清。」當員工完成了某項工作時，最需要得到的是上司對其工作的肯

定。上司的工作就是對下屬的成績進行很好的肯定。這樣就會告訴員工什麼是被鼓勵的。發一封郵件給員工，或是打一個私人電話祝賀員工取得的成績或在公眾面前跟他／她握手並表達對他／她的賞識，這些都是獎勵、認可、讚美等方式進行的很好的行為正強化。這樣管理層期望出現的行為機率就會不斷上升，企業的效益就會提高。

二、懲罰

懲罰是指用強制、威脅性的結果，來創造一個令人不愉快的痛苦的環境，或取消現有的令人滿意的條件，以示對某一不符合要求的行為的否定，從而消除這種行為重複發生的可能性。

懲罰與正強化是相反的，它們之間完全對立。正強化告訴員工什麼是對的，而懲罰則告訴員工什麼是絕不允許的。

【案例：古典的懲罰教育與創造性懲罰教育】

古典的懲罰教育

案例一

國中一年級的辰辰苦著臉 —— 由於最近一次語文小測驗，全班古文默寫部分普遍考得不理想，老師便要求大家把所有課文抄十遍，並且得連同注釋一起抄。因此雖然放假，可辰辰還是好幾天不得閒。

案例二

高三學生小李也很苦惱，因為數學成績不好，老師和家長就不斷施壓，如果做錯了一道題目，就懲罰性地讓他再做十道類似的題目。小李說這樣的簡單重複讓他很厭煩。

創造性懲罰教育

案例三

在澳大利亞，一個孩子在與同學野炊時生火做飯，因為柴很溼，他點不著火，很著急，偏偏這時一隻笑翠鳥在他的頭頂上怪聲怪氣地叫，那孩子很生氣，就用樹枝打傷了牠。這就違反了有關保護笑翠鳥的地方法規，被同學告到了老師那裡，老師決定懲罰他，怎麼懲罰呢？讓他就「笑翠鳥的習性、笑翠鳥與人、笑翠鳥與環境……」等八個方面的內容寫一篇調查報告，一周內完成。結果，這孩子在限定的時間內，跑圖書館、進書店、上網查找資料，走訪鳥類學者……終於完成了一篇內容詳實、認識深刻的文章，受到了老師的好評，還得到了一份精美的獎品。從懲罰到獎勵，整個過程使我們看到這位老師的用心是何其良苦，他是多麼善於為學生創造在實踐中獲取知識的機會，又是多麼懂得教育的規律，使被動的「懲罰」具有了積極的意義。這一過程本身就極具創造性！

✍管理啟示

　　上述案例中描述了懲罰的一些情形，作為行為強化模型中的懲罰，其目的是為了告訴被懲罰者什麼行為是應該消失的。不過在本書討論麥格雷戈 X、Y 理論時，我們提到作為「胡蘿蔔加大棒」的懲罰奏效是有前提的，即人們的生活還不夠豐裕的情況下。為什麼有這麼一條呢？原來實質上是要求被懲罰者處於絕對的心理劣勢，這樣的心理劣勢才可能使得懲罰得以奏效。這樣的例子猶如老師教育學生、家長教育小孩等，但是同樣的懲罰方法在學生和子女長大後，就不再奏效了。

　　懲罰要堅持「燙爐原則」，它的實際指導意義在於有人在工作中違反了規章制度，就像去碰觸一個燒紅的火爐，一定要讓他受到「燙」的處罰。它具有即時性、警告性、公平性和一致性。

　　另外一方面，在如此強調人權的時代，同時社會財富已經比過去成長了許多倍，絕大多數人的生活已經得以保障，懲罰的使用逐漸受到了限制。不過我們總還是可以想出各種創新性的懲罰方案來實施強化，如案例中「笑翠鳥」的例子。

【知識連結：笑翠鳥】

　　在澳大利亞的灌木林裡，有一種笑翠鳥。笑翠鳥愛吃蛇、

蜥蜴和田鼠等動物。這種鳥是捕蛇能手，牠們有帶鉤而又鋒利的嘴。牠吃蛇的辦法別具一格，先將捕到的蛇銜到樹頂上，然後再把蛇摔下去，這樣接二連三地摔幾次，直到把蛇摔死以後才慢慢地吃。每當它吃食的時候，會發出「咯咯」的笑聲。

笑翠鳥和琴鳥是澳大利亞的國鳥。

三、負強化

負強化：指當某件不符合要求的行為有了改變時，減少或消除施加於其身的某種不愉快的刺激（批評、懲罰等），從而使其改變後的行為再現和增加。

要點：

事先必須確有不利的刺激存在。

透過去除不利刺激來鼓勵某一有利行為，要待這一行為出現時再去除方能奏效，以便受強化者明確行為與後果的聯結關係。

【案例：負強化的應用】

宋斌為某諮詢公司派往分公司的經理，宋斌與總公司劉總裁立下了每月完成一百萬諮詢費的軍令狀。由於宋斌在前三個月每月最高業務都不超過六十萬，在全國新開業公司排行榜中排最後一名，連續受到總公司黃牌警告並在總公司大會上自我

檢討。宋斌暗下努力一定要在第四個月打個翻身仗，在全員努力下終於在第四個月達到了總部要求，劉總裁便不再要求他檢討和對他進行警告。

(一) 配合懲罰。負激勵的使用必須與懲罰配合起來使用。沒有相應的簡單明確的懲罰措施，對象逃避懲罰的行為就不會出現，也就不可能形成負強化。

(二) 良性應用。必須應用於良好行為的建立。很顯然，負強化比懲罰更具有積極的教育意義，不僅可以使個體表現良好行為，以避免厭惡的刺激，同時還使犯錯者改過自新，表現出良好行為。因此，負強化主要針對對象的良好行為的出現或維持。

(三) 保持一致。負強化如果想收到預期效果，必須建立在客觀、一致的情況下。就是無論任何時候，實施懲罰的程度都是一致的，而且對待任何對象都一視同仁。這樣可以避免受強化對象出現「心存僥倖」的現象。

(四) 立即實施。負強化同時要求具有及時性，不能在間隔一段時間後才給予相應的懲罰。當對象出現不良行為時，如果能夠及時執行既定處罰，可以幫助對象建立起「不良行為」與「處罰」之間的因果關係。這樣才能使其在觀念中建立起逃避懲罰的反應意識。

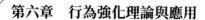管理啟示

　　學習完「負強化」的理念後，管理者必須要明白以往只實施懲罰和獎勵的觀念應該改進一下。因為懲罰或獎勵都不是目的，對員工個體的激勵和行為的調整才是目的。負強化，就像一個天平上的砝碼一樣，調解著獎勵或懲罰之間的行為關係。

四、激勵的撤銷 —— 消退

　　消退，又稱衰減。它是指對原先可接受的某種行為強化的撤銷。由於在一定時間內不予強化，此行為將自然下降並逐漸消退。

　　例：企業曾對職工加班加點完成生產定額給予獎酬，後經研究認為這樣不利於職工的身體健康和企業的長遠利益，因此不再發給獎酬，從而使加班加點的職工逐漸減少。

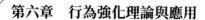管理啟示

　　消退法是一種簡單易行且效果顯著的行為矯正方法。雖然我們不能稱其為一種有效的激勵方式，但是對於我們實施激勵而言卻是一貼行而有效的平衡藥方。它可以幫助我們處理一些激勵問題上的「矯枉過正」。作為一種對強化的撤銷方法，「消退法」也是管理者的一堂必修課。

　　消退法的運用原則：

(一) 不要期望一次就能消退所有的不良行為或指望一次就
會產生重大改進。

(二) 確定對所要消退的行為的良好替代行為及其有效的
強化物，以便消退和正強化相結合，使消退效果更
快、更佳。

(三) 在消退過程中，要消退的行為在開始變好以前可能會
變得更壞，此時若堅持下去，將會消除不良行為，若
不能堅持，則只會加強不良行為的嚴重性。此時一定
要控制好環境，須非常小心，要考慮到可能產生的各
種情況，能夠控制消退程序的執行。

杜絕造就「糟糕的員工」錯誤強化實踐

上文中介紹了行為強化的四種方式，在實踐中，我們還應
該避免為錯誤的行為作出鼓勵。常見的錯誤強化包括：

員工做了好事卻受到懲罰。

員工做了壞事卻沒有受到懲罰。

無功受祿。

對於好的行為視而不見。

第六章　行為強化理論與應用

【案例：管理者應該「明察秋毫，賞罰分明」】

　　齊威王召見即墨大夫，對他說：自從你到即墨以後，我就一天到晚聽到人家講你的壞話。可是我派人去即墨視察，卻看見那裡是「田野辟，人民給，官無事，東方以寧」，情況良好。為什麼會這樣？是因為你沒有賄賂我身邊的人，求他們給你講好話。於是，齊威王獎勵了即墨大夫。

　　威王又召見阿大夫，對他說：自從你做了阿的地方官，我就一天天聽到誇獎你的好話。我派人去視察，看見的卻是「田野不辟，人民貧餒」。趙國攻打鄄，你不救；衛國占據薛陵，你不知道。為什麼會這樣？是因為你用重金賄賂我身邊的人，求得他們的讚譽。當日就將阿大夫和身邊講假話的人都用烹刑處死了。「於是群臣聳懼，莫敢飾詐，務盡其情，齊國大治，強於天下。」

🖋管理啟示

　　「賞罰分明」是對管理者的基本要求，當然在賞罰之前應該掌握充分的事實資訊作為依據，切莫人云亦云。在上文的案例中齊威王的左右是讒臣、奸臣，他們會妨礙管理者做出正確的判斷。而如果對於員工正確的行為給予懲罰，那麼正確的行為就會逐漸消失，不再出現，甚至會變成相反的報復性行為。因

此，「賞罰分明」不僅是對管理者的基本要求，更是對他們能力的一種挑戰。管理者應做到的「賞罰分明」如圖 6-4 所示。

以下是企業中常見的行為現象，出現這樣的現象，可能就是員工中已經有了報復性的認知，並付諸行為之中。如：

「比慢」現象。

「比少」現象。

「比傻」現象。

「比差」現象。

「袖手旁觀」現象。

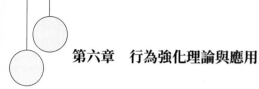

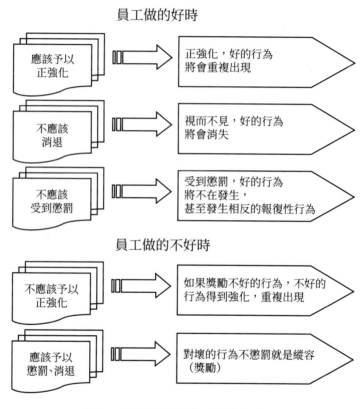

員工做的好時

應該予以 正強化	→	正強化，好的行為 將會重複出現
不應該 消退	→	視而不見，好的行為 將會消失
不應該 受到懲罰	→	受到懲罰，好的行為 將不在發生， 甚至發生相反的報復性行為

員工做的不好時

| 不應該予以
正強化 | → | 如果獎勵不好的行為，不好的
行為得到強化，重複出現 |
| 應該予以
懲罰、消退 | → | 對壞的行為不懲罰就是縱容
（獎勵） |

圖 6-4 管理者應做到的「賞罰分明」

【案例：「能者多勞」導致「比慢」現象】

案例一

某部門經理要求本部門最早完成工作的人員，必須幫助工

作未完成的人員，結果，員工都有意識地延長工作時間。

案例二

最早完成工作而下班的人員，經理會認為不夠「勤奮」、「主動」，因而在考核時評分偏低或給予冷眼。結果員工中出現了延長工作時間的「比慢」現象。

【知識連結：鞭打快牛】

有句俗語叫「鞭打快牛」。「快牛」工作本來就積極主動，十分賣力，理應多餵草多供水。把鞭子屢屢抽打在「快牛」身上，實在有些不公平，而且可能會產生兩種消極後果：一是挫傷積極性，使其鬆勁消極；二是使其勞累過度，不能繼續發揮作用。而「慢牛」卻依然我行我素，不求有功，但求無過，牛主見慣不怪，不加斥責。因此，鞭子應打在「慢牛」身上。

在我們的現實生活中，「鞭打快牛」的事屢見不鮮。例如，勤快的人，每次義務勞動都會被「號召」參加；老實的人，往往被分配到艱苦的地方去「扎根」；勇敢的人，每當危機關頭，勢必催其去「立功」；表現突出的單位、部門往往每年都疲於迎接各種檢查，各種榮譽雖然多了，但是心態卻改變了……

人的各種能力是在實踐鍛鍊和學習中不斷提高的。鞭子要敢於打在「慢牛」身上，也就是要勇於趕「鴨子」上架，放手把

能力較弱、名不見經傳的員工、單位推上櫃檯，逼他們潛心學習鑽研，勇於實踐鍛鍊，在經常性的摔打中提高本領。時間長了，當初的弱者就可能慢慢強起來，這樣才能真正形成「人人有事做，事事有人做」的良好局面。

人如此，單位、企業也如此。在單位、企業中有「快牛」，也有「慢牛」。要「鞭打慢牛」，不斷給「慢牛」壓擔子，提供鍛鍊機會；還要幫助其審視並改正自己的缺點毛病，調整步伐，加快發展。要適當給予「快牛」鼓勵，激發其榮譽感，也要給其喘息調整的機會，保持可持續發展。

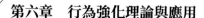 管理啟示

「大師中的大師」彼得‧杜拉克可謂是一位管理禪師。他的理論以「見微知著，直指人心」為典型特點。在對於管理者角色的相關論述中，他就曾指出：「管理者必定要像旁觀者一樣思考」。眼下之意，正是要求「明察秋毫」，不能只顧及眼前的微小利益而破壞團隊的長久發展。「快牛」是應該得到鼓勵的，但是管理者必須要著眼於整個「牛群」戰鬥力的提升。這一點非常重要！

【案例：「閒者多能」觀念導致「比少」現象】

經理Ａ：上次那個劉老師講授關於授權的案例真是很好。

他讓我明白，授權真的是很重要。「充分授權之後，最閒散的經理人便應該是最好的經理人。」這一觀點可謂真知灼見。

經理 B：是啊，你看我介紹給你的課程有用吧。「充分授權之後，最閒散的管理者便應該是最好的管理者。」簡直就是我一直以來在管理方面的奮鬥目標。我追求的就是，最好我一年不出現，公司都能賺錢賺得好好的。

員工 C：忙什麼忙啊，別忙了，難道你們沒有聽說老大已經開始追求授權了嗎？能授權的人才是「能人」。你們這麼忙，怎麼可能有晉升機會啊？

員工 D：難道說天天蹺著腳在那裡授權的人是好老闆嗎？純粹就是一個徹頭徹尾的「指揮家」，算了，不忙也罷。

⚒管理啟示

在《卓有成效的管理者》一書中，大師杜拉克也講到了類似的問題，不過與那兩位經理講述的卻截然不同。杜拉克認為授權的意義不在於表現什麼「能人」的本事，它的正確目的只是為了讓每個人都能更好地做自己該做或者擅長做的事情。所以必須要在員工中樹立正確的工作形象，即人人都應該努力工作，表現好了應當得到積極肯定，表現不好應該得到對應的「失利」。這樣才能避免出現「比少」現象。

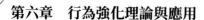

第六章　行為強化理論與應用

【知識連結：杜拉克談授權】

多年來在管理方面都在研究授權問題。幾乎每一位主管人員都接到過上級有關做好授權的指示，而且他們本人也曾屢屢對其下屬闡明授權的重要。但是這樣的諄諄告誡是否產生效果，實在令人懷疑。

原因非常簡單：只是因為沒有完全明瞭授權的意義。如果認為所謂授權，意思是說「我的」工作應由別人來做，那就錯了，因為你既拿了薪水，就該做你自己的工作。又有人認為：充分授權之後，最閒散的管理者便應該是最好的管理者。這樣的看法不但荒謬，而且也是不道德的。

「授權」這個名詞，通常都被人誤解了，甚至是被人曲解了。這個名詞的意義，應該是把可由別人做的事情交給別人，這樣才能做真正應由自己做的事情。

—— 彼得‧杜拉克《卓有成效的管理者》

【案例：上進者「失利」導致「比傻」現象】

案例一

員工：「經理，經理，我有個好建議……」

經理：「好主意，既然這是你的主意，那就由你負責實行

178

好了。」

案例二

員工決定嘗試獨自做某項工作失敗了，結果會遭到經理在同事面前的羞辱，或被貼上「冒失鬼」、「亂搞」、「辦事不可靠」的標籤。

✍管理啟示

在案例一中，經理的處理方法如果是習慣性的處理方法，那麼就很有可能導致「比傻」現象。因為員工提建議是出於好心的，如果所有的建議都必須由自己實現，無疑沒有人願意諫言。作為一種受鼓勵的行為，應該使用正強化的方式來強化員工的行為，配以獎勵。並且建議當由最合適的人來實施。同時，經理還應該為實施人員提供必要的幫助。案例二中，管理

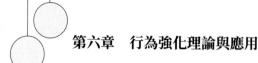

者應該讓消極的聲音消失，因為這些聲音對於員工而言是一種失敗後的懲罰。不但管理者自己不應該懲罰員工，也要讓組織包容員工的失敗。畢竟，上進的行為是值得鼓勵的，而且也是可貴的。

【案例：老馬功高成副總，打壓員工心胸狹】

　　G 企業是一家汽車製造企業，老馬是一個有二十多年銷售經驗的老銷售員，為企業的發展立下汗馬功勞。在為企業創造了巨大銷售業績（每年幾千萬銷售額）的同時，老馬卻安心拿著較低的薪資（由於該廠以前是國有企業，又地處偏僻，老馬的薪資不到一萬五千元）。這樣的老功臣是企業的寶貴財富，企業也給了他許多榮譽，如優秀員工、先進工作者等。近幾年，老馬還被提拔為公司的銷售副總，全面主管公司的銷售工作。

　　但是，老馬也有缺點：心胸狹隘，對新銷售員極力防範。一旦新人業績突出，就採取各種手段打壓、排擠，使有能力的人難以立足。G 企業從一九九四年成立以來，已經走了大批有能力的銷售員，這或多或少與老馬的做法有關。為制止老馬的排擠做法，高層從私下談心到直接提拔新人，但效果都不如意，老馬對公司的做法陽奉陰違，口頭說一套，實際做一套。

✍管理啟示

老馬的案例可謂是糟糕的情況，因為他採用各種手段打壓、排擠，使有能力的人難以立足，抑制了人員的發展。長期下去，不但組織會怨聲載道，人人無心發展，開始爾虞我詐，還會使得其他的管理手段難以推行。雖然總經理可以採取方法嘗試讓老馬作出應有轉變，但若老馬不能得以轉變，恐怕會成為組織的一大毒瘤。因此，應該杜絕老馬這樣的人員成長為組織的高層。當然有人會問，那麼是否一開始就要扼殺老馬的職業生涯呢？實際上，老馬是一位出色的銷售人員，而非出色的管理人員。正如「籃球明星」和「球隊經理」一樣，它們是兩種職業生涯。需要的是讓老馬成為有地位、有高薪資的「球星」，但絕不應該讓他成為管理人員。

【案例：「袖手旁觀」現象】

某公司發出倡議請員工給小孩患白血病的員工 A 捐款。某位員工 B 捐款很積極卻遭到同事們的諷刺和挖苦，這時，他的上司卻「袖手旁觀」，甚至當「和事佬」，雙方各打五十大板。

✍管理啟示

上述案例中，員工 B 的上司對其下屬行為的「袖手旁觀」、

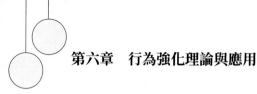

賞罰不明，無疑是錯誤的。「好好先生」對事業是一種有害的毒藥，他模糊了是非善惡。一個企業一定要讓所有員工明白什麼行為會得到表彰和鼓勵，什麼行為要受到反對和抑制，這既是一種需要，更是一種文化。

本章總結

（一）強化理論是美國哈佛大學心理學家史金納提出的，該理論認為人的行為是其所獲刺激的函數，也稱為行為修正理論。

（二）根據其實質的不同，強化行為的方式有以下四種：正強化、負強化、懲罰、消退（本書嚴格區分傳統理論上懲罰屬於負強化的一種）。

正強化就是獎勵那些符合組織目標的行為，使其得以進一步加強並重複出現。

負強化是指當某件不符合要求的行為有了改變時，減少或消除施加於其身上的某種不愉快的刺激（批評、懲罰等），從而使其改變後的行為再現和增加。

懲罰是以某種帶有強制性、威懾性的手段給人帶來不愉快的結果，使不符合組織目標的行為削弱或消失。

消退是指對原先可接受的某種行為強化的撤銷。由於在一定時間內不予強化，此行為將自然下降並逐漸消退。

　　正強化與負強化使滿意的結果得到重複出現；懲罰使不希望得到的結果強制消失；消退使不希望得到的結果自然下降並逐漸消退。

　　請寫下您的感悟或者即將付諸實踐的計畫：

附錄

「授權」表單

「授權」表單 1

授權工作清單

並非所有的工作都可以授權。哪些工作能夠授權和不能授權，需要作清晰的劃分，請按照工作性質分別確認你的哪些工作可以授權。

必須授權的工作	應該授權的工作
1.	1.
2.	2.
3.	3.
4.	4.
5.	5.
可以授權的工作	不能授權的工作
1.	1.
2.	2.
3.	3.
4.	4.
5.	5.

「授權」表單 2

必須授權：一個行動計畫

選擇你最應該授權卻一直沒有能夠授權的工作做一個授權的行動計畫。

該項工作是		
工作的要點是		
你將授權給誰去做，他／她的狀態是		
你原來一直沒有授權給他／她，你擔心的是		
授權		
工作要點	相應職權	授權者的承諾
工作追蹤		
下屬工作進展如何	你做過什麼樣的干預和指導	可改進之處

「授權」表單 3

授權的四種方式與適用建議：

方式	好處	風險	適用狀況	建議
操控型	時間緊迫決策迅速；目標、績效明確；不太容易偏離你所定的方向；潛在錯誤較少	個人或團隊的參與感不高，欠缺工作意願；團隊不主動、不易提升；占用你很多時間	團隊成員經驗不足，特別是處理重要的工作以及時間緊迫時。如果可能的話，別忘了你可以授權有經驗的團隊成員來操控	要更加強是些，訂出包刮績效標準和截止期限的明確目標，決定怎麼做那件事，並實行監督。如有必要則隨時介入
教練型	團隊成員可藉著學習而建立信心；減少犯錯的風險；但要鼓勵他們敢於承接任務	可能較花費時間，要視他們學習的快慢；會讓團隊成員養成依賴心理	團隊成員具備部分經驗，但仍需要你某種程度的幫助；士氣可能較低	跟授權對象溝通得更密切，帶領他們進行所有的工作；可以提供建議，但讓他們自行嘗試每一步，在你認為有需要時才介入
顧問型	不會占用你太多的時間；能提高下屬工作意願，且能鼓舞他們承接任務，團隊成員能提出建議及改善方案	決策過程可能比較費時，團隊成員會不時地來請教你	團隊成員有豐富的經驗，能提出有用的點子，不需要你時時在一旁守著，不過在碰上複雜的問題時就需要你的幫助	指明工作要做到何種程度，探求他們的看法和建議，讓他們自行決定要怎麼做，當他們需要你的支持時，就得及時為之

協調型	讓你有更多的時間做其他的事，團隊成員能獨立、主動作業，有幹勁和決心	團隊可能會成為一盤散沙	團隊成員有豐富的經驗和十足的幹勁，能獨立作業並解決大部分的問題	盡可能不插手，讓他們決定要怎麼做，然後就依樣進行；如果他們需要你的協助，讓他們自己提出來；保持聯繫，但由他們採取主動

「授權」表單 4

有效授權的一百○一條備忘錄

一、了解授權

有效授權是一項重要的管理技巧。為獲得最佳成效，你必須知道授權的益處，並辨認出阻礙成功的事物。

001. 使用授權能使你自己、部屬及公司獲益。

002. 回顧檢視時保持正面態度 —— 期待聽到好消息。

003. 即使別人對你所委派的人選有所猶疑，你也要對他顯露信心。

004. 使用授權管理可以激勵員工、建立自信、減輕壓力。

005. 每天撥出足夠的時間關注長期性的計畫。

006. 確信你有培養、引導他人的經驗。

007. 若授權不奏效，應自問：「我哪裡做錯了？」

008. 切莫因你做得比較好就事必躬親 —— 這是很糟糕的管理方法。

009. 有效的授權可強化你的業務表現。

附錄

010. 信任你的部屬，他們必也信任你。

011. 期望部屬的表現至少達到你的水準。

012. 鼓勵自稱工作過量的人記日誌。

013. 愈常放手交辦工作，你就愈善於放手交辦工作。

014. 借交辦的工作項目訓練下屬。

015. 若你常說：「我時間不夠」，這說明你的組織能力差。

016. 務必充分地下放權力而不要緊握不放。

017. 迅速有效地處理沒有根據的謠言。

二、有效授權

　　成功的授權者通常是學有專精且自律嚴謹的管理者，他們能夠有效地選出可交辦的工作項目，適當地監督被授權者，同時給予正面的回饋。

018. 用人要疑，疑人要用。

019. 把感覺資料化，並客觀地分析。

020. 勿讓他人給你增添不必要的工作。

021. 每隔三至六個月，檢視並修改一次你的時間表。

022. 盡可能只參加與工作有直接關係的會議。

023. 若無法在數周前把會議安排好，這就表示你授權不夠。

024. 不要把簡單事務列於較繁重工作之前。

025. 不要企圖在一天內完成七件以上的工作。

026. 養成挑戰長期性的例行事務的習慣。

027. 時時審慎注意那些絕不能交給部屬辦理的重要事務。

028. 你的思考時間恰如一場會議，須詳加規劃，列出議程及時程表。

029. 撥出足夠的時間和精力以擬定有機構的計畫和架構。

030. 培養善於解決難題的人才以備緊急授權之需。

031. 在計劃需交辦的工作時就開始考慮可委派的人選。

032. 確信每一位被授權者都能得到充裕的支持與後援。

033. 確保你對受任部屬能力的評估是有根據的。

034. 不管什麼時候發生錯誤，都要支持你所委任的代表。

035. 若受任者沒有你的忠告而能將工作做好，不要給予忠告。

036. 挑選能坦誠說出不同意見的受任者。

037. 必須使被授權者明了其責任和義務。

038. 以書面形式確認職責範圍。

039. 鼓勵成員分工合作，形成緊密的合作關係。

040. 培育恭賀成功但不指責失敗的公司文化。

041. 確定書面資料能傳至所有相關成員面前。

042. 切勿接受職務代表人的自貶自抑。

043. 當被授權人求助你的專業時，務必樂於協助。

044. 切不可讓你的職員承擔過量工作。

045. 說明時盡可能把目標解釋準確。

046. 撰寫給予受委任者的說明表時，不要設立太多限制。

047. 將計畫報告納入說明書中。

048. 務必使受任者充分明了並同意該說明書。

049. 說明書定案前先與受委任部屬進行溝通。

附錄

050. 指派工作責任時不要猶豫 —— 要積極正面。

051. 考量說明書的正負面觀點後再定案。

052. 若被指派者在說明會議上持負面態度，這項指派便須重新考慮。

三、有效管控

　　成功的授權必須具備有效且反應迅速的管控系統，以此系統監督受任下屬及任務的進度。

053. 受任者接受任務後，你應不斷地給予鼓勵。

054. 受任部屬報告任務進度時，詢問他的新意見。

055. 監督任務時，一定要密切注意經驗不足的被授權者。

056. 運作時應假設每個階段都可做得更好。

057. 切勿讓憂心忡忡的受任者獨自面對壞消息。

058. 冒險時切勿孤注一擲：依機率分析你的判斷，然後才採取行動。

059. 替受任者預測可能會發生的問題。

060. 設定應變措施以防不慎。

061. 應迅速撤換犯了好幾次嚴重錯誤的受任者。

062. 稱讚受任部屬的優越表現。

063. 與其他團隊一起開會時，對所有代表應一視同仁。

064. 以行動協助受任者創造新的思維。

065. 須注意，有時助人的態度會被誤解為干預。

066. 定期會晤以便雙方互給回饋、意見，但次數不可太頻繁。

067. 找出以卓越績效令你印象深刻的部屬。

068. 必要時，才考慮使用外在資源。

069. 既已把工作交給部屬，就不要干預其做法。

070. 若須收回某項已交派的工作，應先著手尋找合適的負責人選。

071. 檢討過程務必簡短明晰、結構完整。

072. 不要讓受任者因出現問題而喪志。

073. 務必使檢討步驟以建設性的模式進行。

074. 管理所有階層的部屬時，使用肯定與客氣的語言。

075. 只在絕對需要時才召開臨時檢討會。

076. 要親筆手寫稱讚部屬的字條，不要打字。

077. 嘉許為工作付出的每一份心血、努力，並予以獎賞。

078. 事情發生差錯時，想辦法找出解決之道 —— 而非代罪羔羊。

079. 如果受任者沒有處理好任務，試著再給他一次機會。

080. 遭逢麻煩時，分析你自己的做法。

081. 在大幅修改任務交代說明時，考慮所有牽涉到的層面。

082. 與受任者討論其執行任務時的表現，態度應誠懇公開且具建設性。

083. 部屬隱瞞或否認犯錯時，管理人的態度須堅定。

084. 以失敗為學習工具，增進你的管理技巧。

085. 檢討你的任務說明是否是嚴重錯誤的起因。

086. 記載曾犯的錯誤及吸取的教訓供未來參考。

附錄

四、增進授權技巧

授權過程實際上是提升你自己及下屬職能的最好機會，你可借此激勵、評估各階層下屬的表現。

087. 訓練部屬成為全方位的職場能手。

088. 讓自己受到充分的訓練，為員工接受培訓樹立榜樣。

089. 切勿低估受任者的資質。

090. 每周一定要撥出時間用於教導主要的受任者。

091. 若有人對獎勵制度不滿，查明原因。

092. 設定切合實際的目標，並配合實際狀況作彈性調整。

093. 你不在時可請資深員工注意代理人的表現。

094. 你應很有把握地向員工宣告委任代理人這件事。

095. 安排充裕時間用於研究開發新的思維。

096. 替自己安排每周或每月的讀書計畫並確實執行。

097. 若發覺自己在管理領域有空白處，填滿它。

098. 取他人之長，增強自身的能力。

099. 培養在任何時候都能與上司坦白溝通的習慣。

100. 自問十年後希望自己在哪裡，規劃通往目的地的道路。

101. 別隱藏你的抱負 —— 讓上司知道你想達到的目標。

「激勵」表單

「激勵」表單 1

你的下屬為什麼鬥志昂揚

士氣高或者士氣不高都是有原因的，了解這些原因是你激勵下屬的第一步，請從下屬中找出一位你認為士氣高漲、鬥志昂揚的下屬（請在心中「對號入座」，如果找不出來，那麼問你自己為什麼），然後：

描述一下他 / 她的工作表現
請列舉他 / 她士氣高昂的四個原因（按需要排序）
這位下屬高昂的士氣中，你的貢獻有哪些（列舉出前三個即可）
請對你的貢獻進行評估（你的貢獻度有多大）

附錄

「激勵」表單 2

你的下屬為什麼士氣低落

請描述這位下屬的工作表現
請列舉他 / 她士氣不高的原因（按重要性排序）
造成這位下屬士氣低落的原因中，哪些是你造成的（列舉出三個即可）
請對你在造成下屬士氣低落中的作用進行評估

　　請注意，你不是在做學問，你是做企業，所以，請你不要抽象地分析下屬士氣低落的問題。你需要從下屬中找出一位你認為士氣最為低落的下屬，對這位下屬的分析，可以幫助你改善你的激勵。

請對公司常用的激勵方法作出分析和評價。

你們公司在公司層面上常用的激勵方法有哪些（按使用頻繁度排序）？	效果如何（可以按最低0分，到最高5分打分）？	你認為可改進之處

「激勵」表單 4

請對你本人常用的激勵方法作出分析和評價。

你常用的激勵方法有哪些（按使用頻繁度排序）？	效果如何（可以按最低0分，到最高5分打分）？	你認為可改進之處

後記

　　終於在二〇〇八年冬天來臨之前，我把最後一次修改的稿件寄給了出版社。人一下子輕鬆了很多，渴望下一場大雨，洗洗心中的勞塵，蕩滌這一年多來的勞作與辛苦。

　　寫作期間經常為釐清一個概念、查證一個資料而費盡周折、徹夜不眠。深深體會到寫作的辛勞。深夜一個人在書房裡，面對電腦，敲擊鍵盤的聲音與心臟跳動的聲音清晰可聽，感覺到自己是一個愚公，常有移山不止的豪情壯志，也會有面對知識的大山深感個人力量渺小、生命有涯的無奈。這是怎樣一種悲喜交集的情懷！

　　在寫作過程中得到很多導師、朋友的幫助，是我一直心存感激的。

　　感謝唐凌雲老師點燃我寫作此書的意願，感謝吳穎華老師對本書的寫作、出版給予很多鼓勵與指導！

　　感謝華人管理大師余世維博士，著名文化策略學者、教授、博士生導師吳聲怡先生在百忙之中為本書寫了序言與推薦語。

　　感謝劉戈先生為本書寫了熱情洋溢的推薦語。

　　感謝張暉先生長期以來給了我很多的幫助與鼓勵，在他身

後記

上我學到了一位優秀企業家創新思維與自強不息的奮鬥精神。

感謝林銘前先生無私為本書的寫作收集了大量的資料，付出很多的時間與辛勞。

感謝鄭暉先生、陳清福先生、陳慶忠先生、吳少宇先生、吳少華先生、倪訓濤先生、鄔行澎先生、高群博士、王阿娜女士等老師長期以來的幫助。自然也謝謝我的家人。

前行道路不會總是平坦，

只要路上有您的幫助，

當我學會了感恩與付出、堅強與勇敢，

路上縱使風雪交加，

也一定會有好運相隨。

再次感謝這些導師和朋友的幫助。

深深地感謝與祝福！

岳陽

198

國家圖書館出版品預行編目資料

員工下班，主管加班？：授權與激勵的藝術
：加薪了還離職？你的員工需要的是尊重！
/ 岳陽著 . -- 第一版 . -- 臺北市：清文華泉
事業有限公司 , 2021.11
　面；　公分
ISBN 978-986-5486-88-4(平裝)
1. 人事管理 2. 激勵
494.3　　110017305

電子書購買

員工下班，主管加班？—— 授權與激勵的藝術： 加薪了還離職？你的員工需要的是尊重！

作　　者：岳陽
編　　輯：鄒詠筑
發 行 人：黃振庭
出 版 者：清文華泉事業有限公司
發 行 者：清文華泉事業有限公司
E - m a i l：sonbookservice@gmail.com
粉 絲 頁：https://www.facebook.com/sonbookss/
網　　址：https://sonbook.net/
地　　址：台北市中正區重慶南路一段六十一號八樓 815 室
Rm. 815, 8F., No.61, Sec. 1, Chongqing S. Rd., Zhongzheng Dist., Taipei City 100, Taiwan (R.O.C)
電　　話：(02)2370-3310　　　傳　　真：(02) 2388-1990
印　　刷：京峯彩色印刷有限公司（京峰數位）

—— 版權聲明 ——

定　　價：299 元
發行日期：2021 年 11 月第一版

臉書

蝦皮賣場